携 手 零 碳
——建筑节能与新型电力系统

中国建筑节能协会光储直柔专业委员会　等著

中国建筑工业出版社

图书在版编目（CIP）数据

携手零碳：建筑节能与新型电力系统 / 中国建筑节
能协会光储直柔专业委员会等著 . —北京：中国建筑工
业出版社，2022.8

ISBN 978-7-112-27657-8

Ⅰ.①携…　Ⅱ.①中…　Ⅲ.①建筑—节能 ②电力系统
Ⅳ.① TU111.4 ② TM7

中国版本图书馆 CIP 数据核字（2022）第 130409 号

责任编辑：齐庆梅
文字编辑：胡欣蕊
责任校对：芦欣甜

携手零碳

——建筑节能与新型电力系统

中国建筑节能协会光储直柔专业委员会　等著

*

中国建筑工业出版社出版、发行（北京海淀三里河路 9 号）

各地新华书店、建筑书店经销

北京雅盈中佳图文设计公司制版

北京市密东印刷有限公司印刷

*

开本：787 毫米 ×1092 毫米　1/16　印张：$4\frac{1}{2}$　字数：71 千字

2022 年 9 月第一版　2022 年 9 月第一次印刷

定价：68.00 元

ISBN 978-7-112-27657-8

（39806）

顾问委员会及作者

顾　　问：江　亿　武　涌　马　钊　郭晓岩　陈其针　康艳兵
　　　　　周保荣　赵宇明　沈育祥　柴　熠

作　　者：郝　斌　彭　琛　李叶茂　陆元元　胥小龙　刘晓华
　　　　　李雨桐　冯　威　孙　林　赵言冰　付颖雨　林美顺

编写单位：中国建筑节能协会光储直柔专业委员会
　　　　　直流建筑联盟

参与单位：深圳市建筑科学研究院股份有限公司
　　　　　清华大学
　　　　　中国南方电网科学研究院股份有限公司
　　　　　中国建筑节能协会政策规划专业委员会
　　　　　中国建筑学会电气分会
　　　　　国际电工委员会低压直流及其电力应用系统委员会第8特设工作组
　　　　　电气电子工程师学会电力与能源协会直流电力系统技术委员会低
　　　　　压全直流技术分委会
　　　　　国家主动能源配电网研究中心
　　　　　国网能源研究院有限公司

支持单位：能源基金会

前言——建筑节能的新篇章

2020年9月，习近平总书记郑重宣布，中国二氧化碳排放力争于2030年前达到峰值，努力争取2060年前实现碳中和，建筑节能工作有了新的发展目标。

回顾过去，我们经历了建筑节能的"三步走"，建筑节能率稳步提升，从30%到50%、再到65%，从居住建筑延伸到公共建筑，从严寒寒冷地区拓展到夏热冬冷和夏热冬暖地区，我们也经历了建筑能耗"定量化"，2016颁布的《民用建筑能耗标准》GB/T 51161-2016给出了单位面积能耗的约束值和引导值，实现了从百分比（%）到千瓦时（kWh）节能量直观化的转变，我们也经历了建筑节能"求极值"，不断探索被动房、近零能耗、净零能耗以及零能耗建筑，勇于攀登节能的珠峰。

近二十年，中国建筑节能取得了举世瞩目的成就，新建建筑节能标准执行率达到100%，累计建设节能建筑面积超过238亿m^2，节能建筑占比超过63%，既有居住建筑节能改造面积超过15亿m^2，既有公共建筑节能改造面积超过3亿m^2，北方地区集中供暖建筑面积增加了2倍，而供暖能耗仅增加了不到1倍，可再生能源替代率超过6%，农村清洁供暖面积超过39亿m^2，更重要的是居住舒适度水平和居民幸福感显著提升。

面向2060，建筑节能将开启新的篇章。

站在建筑视角看，建筑将融合光伏、储能、电动车，逐步由用能者转为产消者。 中国光伏行业协会数据表明，2021年分布式光伏占光伏新增装机容量的比例已超过55%，其中新增建筑光伏（户用光伏）占分布式光伏的比例超过74%。建筑光伏已逐渐成为主导，充分利用建筑屋顶资源，可实现光伏装机容量20亿kW以上。建筑供暖空调系统的蓄冷蓄热是非常好的调节手段，更重要的是建筑作为主要活动场所，其附属的停车场将成为未来家用电动车充电桩安装的主要场所。中国电动车充电基础设施促进联盟发布的数据表明，当前车桩比约为 3∶1，其中 50% 以上的充电桩为私人充电桩。考虑未来 3 亿辆电动车规模，私人充电桩的数量保守预计在 5000 万~1 亿台，并主要通过建筑接入电网。我们总说建筑节能的特点是节能量小且分散，现在看来这个劣势成为优势，使得建筑成为最好的资源，为分布式能源和电动车的接入创造了有利的条件，反过来也给建筑节能注入了新的元素。建筑光伏的接入，使得建筑不仅仅是用能者，自身也可以实现产能，电动车的接入，使得建筑不仅仅服务于电动车充电，利用电动车的电池供建筑用也成为可能，大约 50 辆电动车就能实现 1 万 m² 建筑 1 天的离网运行。

站在电力系统视角看，建筑电气化率将由当前的 48% 提升到 85% 以上，潜在的建筑负荷调节能力足以解决高比例可再生能源接入所带来的波动性难题，实现从"保居民、拉工业"向"调建筑、保工业"的转变。电气化是建筑领域实现"双碳"目标的重要前提，《建筑电气化及其驱动的城市能源转型路径》研究 [①] 表明当前我国建筑电气化率为 48%，其中城镇公共建筑、城镇住宅建筑、北方供暖和农村用能的电气化率分别为 78%、69%、8% 和 21%。未来，北方供暖将主要通过冬季热电联产调峰电源和工业余热解决，建筑电气化的重点领域是农村用能、炊事和生活热水等，随着电气化率的提高，人均用电量将由目前的 1300kWh 增加到 3500kWh。当建筑

---

① 能源基金会，深圳市建筑科学研究院股份有限公司．建筑电气化及其驱动的城市能源转型路径报告摘要 [R/OL]. https：//www.efchina.org/Attachments/Report/report–lccp–20210207–2/ 建筑电气化及其驱动的城市能源转型路径 .pdf.

用能主要依靠电力的时候，考虑太阳能光伏和风力发电的波动性特征，未来提升建筑负荷灵活性和进一步降低单位面积能耗就成为摆在我们面前的选择题或排序题。二十年建筑节能工作的深入开展，已使我国单位建筑面积能耗强度大幅下降，并显著低于发达国家单位建筑面积能耗水平，在很多场景，进一步节约 1kWh，其性价比已不及开展负荷灵活性调节。很多大城市峰谷电价已在 4 倍以上，并且随着电力辅助服务和现货市场的完善，将进一步通过市场补偿机制打开负荷调节的收益空间。建筑蓄热蓄冷和围护结构热惯性使负荷调节成为可能，电动车接入建筑配电网实现双向充放进一步增强了建筑负荷的调节能力。如果电动车直接接入电网，新增配电容量将超过 5 亿 kW，新增电力需求将超过 1 亿 kW，相当于全国最高用电负荷的 1/10 左右。相反，接入建筑配电网，不仅能充分利用现有建筑配电冗余，增加用电柔性的同时不向电网馈电。以调节持续时间 2h 为例，建筑负荷调减率可超过 20%，采用光储直柔技术的建筑，甚至可以实现 24h 按照可再生能源发电规律连续调节。未来通过负荷灵活性调节，并与其停车场的充电桩系统结合，建筑可以解决 20 亿~40 亿 kW 可再生能源的日平衡问题，并消除目前由于建筑用能导致的负荷侧的巨大波动，从而为工业用电提供可靠的保障。

站在全社会实现碳中和视角看，建筑零碳化将与电力零碳化携手同步实现。通常我们说的绿电是在电力生产过程中，它的二氧化碳排放量为零或趋近于零，主要来源为太阳能、风能等。由于太阳能和风能受自然条件的制约，可再生能源发电波动性是"刚性"的，这是光伏发电和风电被称为"绿色能源、垃圾电力"且饱受诟病的重要原因，也是弃光弃风的主要原因。绿电消纳是让我们尽可能少用、不用火电调节，尽可能少弃、不弃风电光电。建筑负荷灵活性调节恰恰是绿电消纳最经济有效的方式。以一栋 1 万 m^2 的大楼为例，过去每年用 150 万度电，通过节能技术可以降低到每年 100 万度电，这是节能。负荷调节是指在已有节能的基础上我们每年还用 100 万度电，但是要按照风光发电的规律去用，而不是按照建筑自身的用能规律。反映到功率 - 时间图形上的话，我们不改变围合的面积，改变的是功率 - 时间曲线的形状（见正文图 3-9）。实验表明，1 万 m^2 的建筑可以消纳 1MW 的可再生能源。我国建筑保有量近 700 亿 m^2，足以消纳全国 40 亿 ~60 亿 kW 的可再生能源发电。试想，当我们的建筑用的都是风电、光电时，我们的建筑是不是成为零碳建筑？当我们的建筑是按照风电、光电的发电规律在用的时候，是不是大幅消减了火电调节？当需要的火电调节越来越少时，电力是不是越来越清洁，越来越趋近于零碳电力？

写作这本书的时候，我们感受到的是建筑与电力两个行业之间的鸿沟，各扫门前雪还是打破边界，全社会协同也是摆在我们面前的选择题。过去我们认为电力可靠是底线，是招商引资的条件，我们想怎么用就怎么用。当未来高比例可再生能源成为主导电源，如果我们还这么"任性"，让电网去承担全部的可靠性保障责任，我们的电价就不会是每度电 1 元，2 元甚至 5 元都将成为可能。与其说是帮助电网解决问题，不如说是我们与电网携手迎接碳中和时代的到来。通过光储直柔技术、建筑电动车交互技术、建筑电力交互技术和基于建筑负荷的虚拟电厂技术等新技术和新模式，建筑负荷灵活性调节能够解决高比例可再生能源日平衡难题，实现建筑用电柔性将成为新型电力系统的重要组成部分。

目　录

001　　　1　新型电力系统

002　　　1.1　新型电力系统处于逐步形成共识中
002　　　1.1.1　新型电力系统的内涵
004　　　1.1.2　新型电力系统的特征
005　　　1.1.3　未来零碳电力系统

007　　　1.2　需求侧有了哪些变化
007　　　1.2.1　从用电总量看：持续增长的量变到质变
010　　　1.2.2　从用电规律看：可调节负荷潜力可观
012　　　1.2.3　从用电协同看：建筑与电动车用电将高频互动

014　　　1.3　从建筑视角，电力系统的主要矛盾是什么
014　　　1.3.1　当前：全年约 100h 尖峰问题
016　　　1.3.2　未来：全年 8760h 平衡问题

019　　　2　建筑节能

020　　　2.1　两个维度看建筑节能的历史
020　　　2.1.1　纪传体：各个阶段的发展历史
020　　　2.1.2　编年体：从时间线上梳理过程

023　　　2.2　建筑节能的时代特点：从关键词看历程
023　　　2.2.1　建筑节能"三步走"：30%、50%、65%
024　　　2.2.2　建筑能耗"定量化"：能效与能耗
025　　　2.2.3　建筑节能"求极值"："超低""近零"与"净零"能耗建筑

026 2.3 从电力视角，建筑节能哪些方面还要变

026 2.3.1 局部和整体：降低单位面积能耗同时兼顾提升柔性用电

027 2.3.2 二者和四者：建筑光伏和电动车成为标配

029 2.3.3 消费和生产：柔性调节参与电力现货市场交易

031 3 建筑与电力携手零碳

032 3.1 建筑电气化

032 3.1.1 整体目标：涵盖供给、消费和建设的指标规划

033 3.1.2 具体策略：SWOT 环境下的策略设计

034 3.2 光储直柔建筑与电力交互

035 3.2.1 建筑用电柔性从何而来

037 3.2.2 为什么要直流配电

039 3.2.3 建筑与电力如何交互

042 3.3 建筑作为城市细胞将与电力携手实现零碳

042 3.3.1 建筑融合光伏储能后成为产消者，不仅能节约电量（kWh），也能调节电力（kW）

043 3.3.2 光储直柔技术解决未来电力系统日平衡的问题

045 3.3.3 绿色电力消费认证，解决零碳电力和零碳建筑面临的难题

049 附录：建筑节能与新型电力系统大事年表（1986—2022 年）

1 新型电力系统

存在的就是合理的，存在的同时也是不一定合理的。

——《路德维希·费尔巴哈和德国古典哲学的终结》

一段来自两个行业工作者的对话：

Round 1：差异

电力系统广泛地触及人们的日常，有时候又给行外人以危险又神秘的感觉。

建筑用能全面地服务人们的生活，难以看出科技属性却融合了大量技术。

Round 2：融合

由于误操作或线路老化造成的电起火、人员触电，造成损失和悲剧，是两个行业都坚决避免的红线。

"万家灯火"的幸福，是电力系统保障的，也是建筑用能服务的，空调、电视、电脑、洗衣机等各类电器，构成了最主要的建筑用能项。

Round 3：展望

建筑用能的习惯一直在发展变化，随着经济发展越来越"好"；电力系统的各项构成也一直在发展变化，随着技术进步越来越"好"。

"双碳"目标的确定，将进一步促使两个行业融合，带来巨量的技术红利和模式红利，让人们更幸福。

为什么这么说呢？

1.1 新型电力系统处于逐步形成共识中

新型电力系统即以新能源为主体的电力系统。在 2021 年 3 月 15 日中央财经委员会第九次会议上首次提出,"要构建清洁低碳安全高效的能源体系,控制化石能源总量,着力提高利用效能,实施可再生能源替代行动,深化电力体制改革,构建以新能源为主体的新型电力系统"。

1.1.1 新型电力系统的内涵

新型电力系统是以新能源为供给主体、以确保能源电力安全为基本前提、以满足经济社会发展电力需求为首要目标、以坚强智能电网为枢纽平台、以"源网荷储"互动与多能互补为支撑,具有清洁低碳、安全可控、灵活高效、智能友好、开放互动基本特征的电力系统[①]。其具有高度的安全性、开放性、适应性。安全性方面,新型电力系统中的各级电网协调发展,多种电网技术相互融合,广域资源优化配置能力显著提升,电网安全稳定水平可控、能控、在控,有效承载高比例的新能源、直流等电力电子设备接入,适应国家能源安全、电力可靠供应、电网安全运行的需求[②]。

新型电力系统的提出,是国家层面首次明确新能源在未来电力系统当中的主体地位,强调构建新型电力系统,早在 2015 年中共中央国务院发布《关于进一步深化电力体制改革的若干意见》(中发〔2015〕9 号),即已开启了深化电力体制改革的进程(图 1-1)。

2021 年全国可再生能源装机规模突破 10 亿 kW,风电、光伏发电装机均突破 3 亿 kW,海上风电装机跃居世界第一。全国发电量及发电装机容量组成如图 1-2 所示,截至 2021 年年底,我国可再生能源发电量占比 27.7%,发电装机容量占比 43.1%,已经成为全国仅次于煤电的第二大电力来源。现阶段电力系统调节能力不足,已成为制约新能源消纳的重要原因,发展新型电力系统,急需提高对高比例新能源

---

① 什么是新型电力系统? [EB/OL]. [2022-03-18]. http : //www.sc.sgcc.com.cn/html/main/col63/2022-03/18/2022 0318083524867693897_1.html
② 舒印彪,陈国平,贺静波,张放.构建以新能源为主体的新型电力系统框架研究 [J]. 中国工程科学, 2021, 23(06): 61-69.

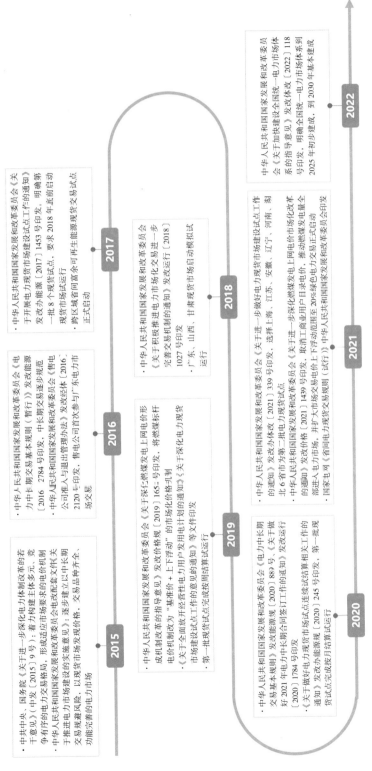

图 1-1　中国电力市场体系建设进程

的消纳能力，增强分布式能源的就地消纳，加强对尖峰用电的大数据预测预警及调配，提高对各类用户多样化、多元化用电需求以及极端天气变化的适应性、兼容性和灵活性。

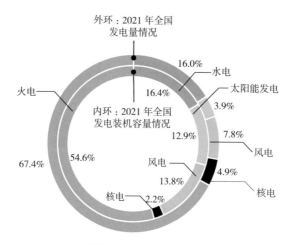

图 1-2　2021 年中国发电量及发电装机容量组成[①]

根据国家电网预测，到 2060 年风电、光电的装机容量将从当前的 20% 增长到80%，发电量将从当前 10% 以下增长到 60%。随着新型电力系统的加速构建，高比例可再生能源电力系统需要更强的调节能力。

1.1.2　新型电力系统的特征

与传统电力系统相比，新型电力系统的"新"主要表现为四大转变：

第一，电源结构的转变。由可控连续出力的煤电装机占主导，向强不确定性、弱可控性出力的新能源发电装机占主导转变。中国电力企业联合会王志轩指出，新型电力系统之"新"，是由"新能源占比逐渐提高"来定义和体现的，而新能源之"新"的本质是"零碳（近零碳）"与"新技术"特性[②]。新型电力系统构建是一个复杂而长期的过程，新能源占比逐渐提高不仅要体现在数量占比上，也要体现在功能增强上。

---

① 　数据来源：国家能源局。
② 　王志轩. 构建以新能源为主体的新型电力系统框架 [J]. 阅江学刊，2021，13（03）：35-43.

第二，负荷特性的转变。由传统的刚性、纯消费性向柔性、生产与消费兼具型改变。中国工程院院士刘吉臻[1]认为新型电力系统具有"双高"特征，高比例可再生能源的接入与高比例电力电子设备的应用，同时具有供给侧随机性和需求侧随机性的"双随机"特性。"双随机"特性决定了新型电力系统必须建设成为具有恢复力的弹性系统。

第三，电网形态的转变。传统电力系统是单向逐级输电为主，新型的包括交直流混联大电网、微电网、局部直流电网和可调节负荷的能源互联网。传统的单向电能配置模式转变成双向、多向、多能配置模式，电力系统原有各个环节由区分明显转变为相互融合的部分不断增大。以新能源为主体的新型电力系统的核心是"新型"，配电网将成为电力发展的主导力量，用户侧将深度参与系统的平衡，电力交易将主导调度体系，数据网络的互联互通和物理网络的互联互通同等重要。

第四，运行特性的转变。传统电网是由"源随荷动"的实时平衡模式，大电网一体化控制模式。新型电力系统的运行逻辑发生了根本性的改变——由"源随荷动"转变为"源荷互动"，但仍然遵循的是电力系统的安全稳定物理特性，电力系统各个环节必然逐步发生重大变化。"双碳"目标下，从高碳电力系统向低碳甚至零碳电力系统发展的过程中，大规模可再生能源的高效利用与智能化将是新型电力系统的主要发展方向。

1.1.3　未来零碳电力系统

根据国家电网预测数据、清华大学江亿院士团队[2]研究数据等，我国未来电力系统组成如表1-1所示。

表1-1表明，我国未来可再生能源装机容量占总装机容量约80%，发电量占全社会总用电量64%，此时电力平衡就是需要破解的难题。49亿kW电力平衡的缺口，可由各类负载变化与可再生发电的同步性消纳一部分（约10亿kW），剩余需要通过蓄能等手段来平衡协调的功率约为39亿kW，需要的日最大储电量200亿kWh。

而此时具有转动惯量的电源不超过18亿kW（核电、水电及抽水蓄能、调峰

---

[1]　中国工程院院士刘吉臻在2021年太原能源低碳发展论坛"碳中和愿景下能源转型分论坛"上的讲话。
[2]　清华大学建筑节能研究中心.中国建筑节能年度发展研究报告2022（公共建筑专题）[M].北京：中国建筑工业出版社，2022.

未来电力系统组成

表 1-1

分类	装机容量（kW）	年发电量（kWh）	调节能力（kW）	备注
核电	2亿	1.5万亿		
水电	5亿	2.0万亿	9亿	
抽水蓄能	4亿	/		
风电光电	70亿	9.0万亿	5亿	调节能力源于光热发电
调峰火电（燃煤、燃气、生物质燃料）	7亿	1.5万亿	7亿	主要调节季度电力平衡
合计	88亿	14.0万亿	缺口49亿	

火电），因此不足以完成电网的调频调压任务。这样一来，目前"集中调频调压"的电网调节模式就不再成立，而需要依靠集中储能和分散布置在用电终端的储能容量来承担调节任务。

目前的电网基本属于"刚性电网"，也就是任何一个时刻的终端用电量之和等于各个电源发电量之和，当通过观察电网频率变化而感知供需失衡时，立即调整电源出力，及时启/停机组。但未来依靠分布在电网各处、甚至于每个用电终端的蓄电和柔性用电，负载成为"柔性"，瞬间电源输出的电力等于此时终端用电与储能电力进出量之和，储能容量和柔性负载调节能力构成的等效储能容量之和为日用电量总量的50%以上。这样，电网调控、可靠供电、稳定性等要求就不再只是由电网通过集中的电源来完成（由于其容量有限，也不可能完成），而是由传统电源、集中储能（抽水蓄能等）和分布式储能/柔性用能三者共同承担。大致分工：旬总量和季节差由大电网通过调峰火电保障，日内差和可靠性由部分水电与用电终端承担，旬内差由部分水电、调峰火电和集中储能装置承担（如制氢、空气压缩、化学储能等）。大电网更多的是解决电量的问题，而功率调节则更多地依靠终端利用其蓄能容量和灵活负载自行调控。

目前电网主要矛盾是终端负荷的变化和电源侧缺少灵活电源，是由于我国燃煤火电份额过大所致。如果不考虑冬季热电联产供热导致的热电不匹配，不同季节只要运行不同数量的电厂即可，调节的问题集中在日内变化的调节。未来风电光电比例增大，可调控电源减少，就要应对日内变化、旬内变化和季节变化三种要求的调节。当前和未来在调节需求上的共性问题是日内调节，只是两阶段要解决的供需差别在一天内的变化形状截然不同。因此要求终端的蓄能调节可以灵活地应对各种情况，而不是固定的"日蓄夜放"或"夜蓄日放"，这恰恰是光储直柔的目标。

1.2　需求侧有了哪些变化

电力系统的需求侧，主要包括工业、建筑和交通三大领域。建筑、工业、交通电气化加速过程中，技术的进步会打破各自的领域边界，实现跨学科、跨领域协同发展。

工业领域，我国单位 GDP 工业能耗高于发达国家和全球平均水平。城镇化软着陆，工业生产从量的增加转为质的提升，会进一步要求提高生产效率。在适当地区适度布置可中断、高用电型工业，如电炉炼钢、电解铝等，但一般来说，这种可中断型生产将大比例降低生产线的利用率延长回收期、提高人工成本，导致综合成本攀升。

交通领域，城市内客运、城市间客运甚至货运都呈现出较强的电气化趋势，一方面电池技术的进步和成本的下降会促进分布式储能在终端的普及应用，另一方面电动车本身的储能通过双向变换有可能成为建筑储能的有机组成部分。

建筑领域，电气化成为建筑能源使用不可逆的趋势。由于经济发展和生活水平提高，更便捷、安全、清洁的电力作为主要能源形式，将使得电力在建筑中用量和使用场景越来越多。

1.2.1　从用电总量看：持续增长的量变到质变

在 2001 年到 2020 年间，建筑电气化率快速提升（建筑用电量在建筑总用能量中的比重），从 19% 提升到 58% 以上（图 1-3）。据研究机构预测[①]，在"双碳"目标下，未来建筑电气化率将达到 90% 以上。对于电力系统来说，日前建筑用电仅占全社会用电总量的 25%，而随着全面电气化的实现，建筑用电将攀升到 30%，再加上 3 亿辆电动私家车用电，在总电量中的占比将超过 1/3。由于用电比例持续增长，

---

① 能源基金会，深圳市建筑科学研究院股份有限公司. 建筑电气化及其驱动的城市能源转型路径报告摘要 [R/OL]. https：//www.efchina.org/Attachments/Report/report-lccp-20210207-2/ 建筑电气化及其驱动的城市能源转型路径 .pdf.

"电"由原来建筑中的少部分能源类型，变成建筑最主要使用的能源。对建筑而言，低碳发展不再是少用化石能源或寻找其他可替代的低碳方案，而是如何更好地消纳低碳的"电"，即由于用电比例的提升，引发了建筑低碳发展路线的质变。

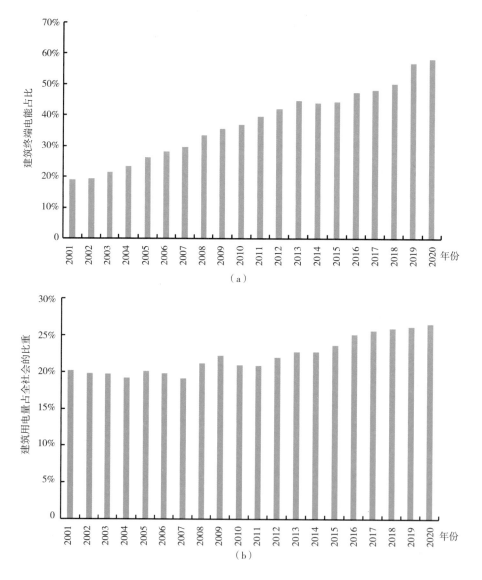

图 1-3　建筑电气化率及建筑用电占全社会用电比重 [①]
（a）建筑电气化率；（b）建筑用电占全社会用电比重

[①]　考虑到能源品位，电能按照全国供电煤耗折算为等价燃煤消耗量。如 2017 年全国供电煤耗是 309gce/kWh，进而计算电能在建筑终端能源消费中的比重。

是什么引发了这场质变?

其一,技术进步促使电器普及,推动"电气化"。

2001—2020 年,空调、计算机、微波炉和热水器等家用电器的拥有数显著提升[1]。以空调为例,作为建筑的主要用能设备,其拥有数在 2001—2020 年间增长了4 倍(图 1-4)。可以预测,未来全国城镇住宅的家电设备年用电量(不含供暖、热水、炊事)将超过 0.8 万亿 kWh、公共建筑的设备年用电量也将超过 1.5 万亿 kWh,分别比目前增长了 50% 和 85%。在信息化时代,数字设备在建筑中的应用也越来越多。

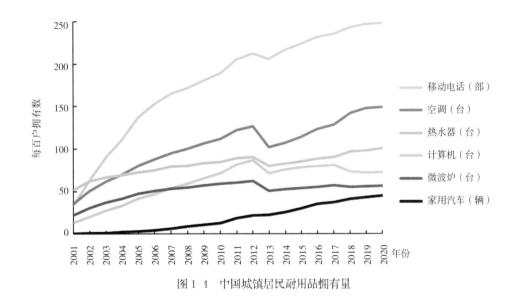

图 1-4　中国城镇居民耐用品拥有量

其二,生活习惯"更清洁、更便捷",推动"电气化"。

生活热水的电气化:居民生活热水主要用于洗澡、盥洗、洗衣、厨房用热水(洗菜、清洁餐具等)以及打扫卫生等活动。居民平均收入越高,人均热水用量越多,未来生活热水将成为增长最快的建筑用能之一。据调研显示[2],约有一半的城镇家庭用电热水器制备生活热水(图 1-5),由于电热水器即插即用,安全清洁,且成本相对其他热水制备方式有较大优势,越来越受到人们的青睐。

[1]　国家统计局.中国统计年鉴 2021[M].北京:中国统计出版社,2022.

[2]　彭琛,郝斌.从"太阳能"到太阳"能":太阳能热水系统的效能与设计[M].北京:北京中国建筑工业出版社,2018.

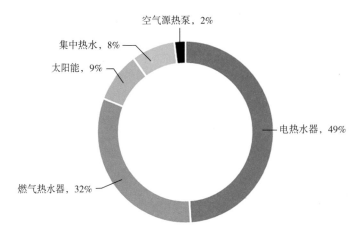

图 1-5　城镇住宅生活热水制备方式调研结果

夏热冬冷地区供暖的电气化：从气候条件看，夏热冬冷地区有明显的供暖需求，但供暖形式不宜像北方地区推广大规模的集中供热系统。分散式电驱动供暖设备（如空气源热泵等）便于安装，使用者可以根据自己的需求选择开启或关闭的时间和设备数量，调节室内温度。大部分居民选择根据实际热感觉和使用需要开启供暖设备，电驱动供暖设备很好地支持了灵活调节需求。

炊事的电气化：首先是厨房中"电器"的种类越来越多，例如，空气炸锅、电炒锅、电饭煲、微波炉、电烤箱等，大量进入到老百姓家中，其次，传统的炊事方式也在被各类"电器"满足，例如，蒸、烤、炸、焖等烹饪工艺，都有电气化解决方案，甚至还有了电炒锅解决"炒菜"电气化。商场中的餐饮服务，也在更清洁、更好控制火候、更能保障公共建筑安全等趋势下，越发青睐各类厨房"电器"。

1.2.2　从用电规律看：可调节负荷潜力可观

建筑设计容量大，实际负载率低，季节性变化大。一方面，建筑用电系统设计选型时（如空调系统），通常考虑最不利末端、最不利工况和最大负荷，作为系统的设计容量，另一方面，为保障建筑用电，配电系统容量也考虑了安全余量。与土木结构不同的是，建筑中大多数机电系统的容量不影响"安全"，但与能源节约和经济运行有着直接的联系，容量选择过大在实际工程中比比皆是。目前建筑入口的供电容量是建筑最大负荷时的容量，建筑的年用电量与入口配电功率之比一般在 500~1800h。也就是说，建筑变压器的年平均负荷率仅为 6%~20%，不过现在看来这一弊端反倒为后续充电桩的接入创造了良好的条件。另一方面，尽管由于建筑节能和电气化加速使得空调在建筑总能耗中的占比有所降低，但是空调对于城市夏季峰值的贡献在 40% 左右[①]，南方地区许多城市夏季限电停电重要原因是空调负荷过大[②]。

周期波动明显，"蓄能"、调整使用时间都可成为调节潜力。工业用能，尤其是钢铁、水泥等生产用能，一定周期下需求是相对稳定和确定的，对于电网负荷容量冲击不大，相比而言，建筑用电具有多个波动周期的特点：白天与夜晚、工作日与节假日、四季变化等，且波动幅度较大。例如，办公建筑用电大多在早上九点到晚上六点之间，节假日全天用电较少（图 1-6），住宅建筑用电伴随居民在家活动时间，用电负荷多在晚上，且工作日的晚上用电高峰早于节假日（图 1-7）。巨大的波动也意味着可能有显著的负荷调节潜力。事实上，建筑本身也要一定的热惰性，能够承受"小时"尺度的暂停空调，而不显著影响室温，建筑的空调制冷需求，早已可以通过"蓄冷"来转移用电负荷高峰，部分电器可以转移使用时间，来响应负荷调节的需求，例如洗衣机可以早上或晚上用。如果结合光伏、储能技术，建筑的负荷调节能力将非常可观。

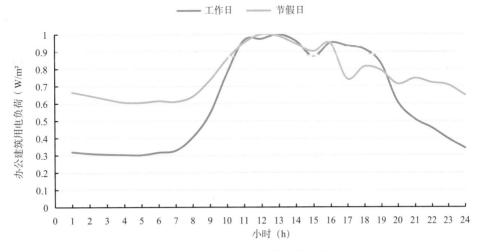

图 1-6　办公建筑用电负荷曲线示意图

---

① 肖辉耀 . 县域电网夏季空调负荷分析 [J]. 大众用电，2014，29（08）：24-25.
② 吴蓓，张焰，陈闽江等 . 空调负荷对城市电网电压稳定性影响的研究 [J]. 华东电力，2006，34（4）：23-27.

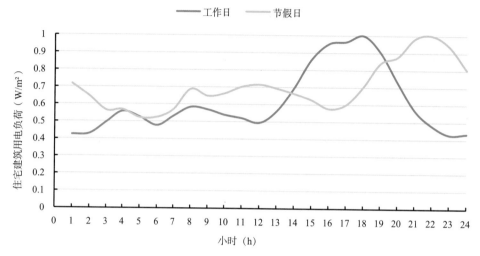

图 1-7 住宅建筑用电负荷曲线示意图

此外，建筑电器中带有的储能容量不断提高，吸尘器、便携机、手机等越来越多的建筑内使用的设备变为充电方式。根据中国电子信息产业发展研究院数据，全球生产的电池总量中，22.2% 用于建筑相关电器，而这些蓄电池按照年充放电次数计算的话，是使用率非常低的蓄电池。"积少成多"，整合这些小容量蓄电能力也能够形成巨大的储能容量。

1.2.3 从用电协同看：建筑与电动车用电将高频互动

从能源使用类型来看，建筑和交通（客运）主要为消费领域用能，具备数量多，单个主体用量少，持续高频使用等共同特点。不但建筑在发生着显著的电气化趋势，城市内客运、城市间客运甚至货运都呈现出较强的电气化趋势。原来建筑用能是建筑用，交通用能是交通用。随着电动车普及，建筑用和交通用开始建成相通的能源体系。

建筑和交通用电是如何融合的呢？对电力系统发展有何影响？对低碳发展有何意义？

首先，看建筑和交通领域的整体发展趋势。

据《新能源汽车产业发展规划（2021—2035 年）》[①]，到 2030 年，我国纯电动车的保有量将达到 5000 万辆，到 2050 年将达到 3 亿辆。未来交通领域，用电将达到

① 国务院办公厅关于印发新能源汽车产业发展规划（2021—2035 年）的通知（国办发〔2020〕39 号）。

2 万亿 kWh（目前 0.1 万亿 kWh），燃油 2 亿 t（目前为 5 亿 t）。

根据清华大学研究[①]，我国目前每年新竣工居住建筑 15 亿~20 亿 m²，公共建筑 5 亿 m²，建筑总量将从当前约 600 亿 m²，增长到 800 亿~900 亿 m²，以后新建量将逐渐减少，但大修、改造、提升功能将成为房屋建设的主要任务，每年修缮任务将在 20 亿 m² 以上。未来建筑领域，用电将达到 4 万亿 kWh（目前 2 万亿 kWh），燃油 2.5 亿 t（目前为 4.5 亿 t）。

由此来看，两者的增量和总量在整个电力系统中占相当重要的位置，如果要消纳可再生能源发电，需要充分考虑建筑和交通的用电情况。

其次，看建筑和电动车的使用互动关系。

如前所述，建筑变压器负荷率平均仅为 20%~40%，为电动车充电桩的接入创造了良好的条件。这就意味着不需要新增电力配电容量，利用现有建筑配电容量基本可以满足电动车充电需求。汽车服务于人的出行，绝大多数时间中电动车的停靠车位都位于住宅、办公、商业等建筑的周边（图 1-8），电动车与该区域的建筑共用一个变电站，甚至同一套配电网，因此电动车的充放电与建筑用能存在着高度耦合的关系。现在的电动车很可能是晚上在住区充电消纳低谷电，白天在上班处放电，为电力削峰，考虑可再生能源的快速发展，未来则相反，白天在上班处充光伏电，晚上在住区为住区建筑供电。

最后，看建筑与电动车的技术融合方式。

电动车本身的储能通过双向变换有可能成为建筑储能的有机组成部分。建筑电动车交互（BVB），就是电动车的有序充电和双向充放电与建筑用电负荷协同，根据建筑用电负荷的高低通过充电填谷、放电削峰，保障用电安全、减少配网增容、提高利用效率。与此同时，建筑需求响应技术的发展，即挖掘建筑空调、建筑储能等建筑内部设备的需求响应潜力，可以进一步提高建筑用电负荷的灵活性。

发展电动车的制约因素之一是充电桩系统的建设。如果按照加油站模式建起遍布城市的快速充电网，将导致电网的供配电容量再增加一倍以上。建筑采用"光伏＋直流＋智能充电桩"供配电系统，则不需要增加电网容量就可以实现对建筑周边停车场的充电桩系统的电力供应。由灵活的建筑用电负荷和智能的电动车充放电

① 清华大学建筑节能研究中心. 中国建筑节能年度发展研究报告 2022（公共建筑专题）[M]. 北京：中国建筑工业出版社，2022.

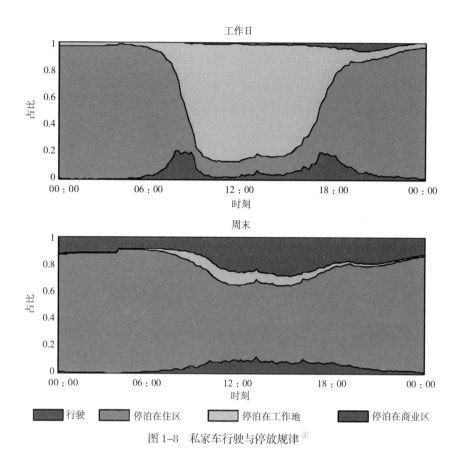

图 1-8 私家车行驶与停放规律[①]

共同构成的未来城市电力系统的终端节点，对于提高电网的可靠性和经济性、提升供电质量和服务水平都有重要作用。

1.3 从建筑视角，电力系统的主要矛盾是什么

在讨论新型电力系统特征时，可以看到未来电力系统在源网荷储等多方面面临不同的问题与挑战，这里我们重点讨论未来供给侧与需求侧的平衡问题。

1.3.1 当前：全年约 100h 尖峰问题

电力系统面临负荷连年增长的巨大压力。2021 年夏季，全国多地经历了持

① Yue Wang, David Infield. Markov Chain Monte Carlo simulation of electric vehicle use for network integration studies[J]. International Journal of Electrical Power & Energy Systems, 2018（99）: 85–94.

续高温天气，空调使用需求激增，叠加疫情后工业生产复苏，多地用电负荷也创下了历史新高，江苏省用电负荷突破 1 亿 kW，广东省用电负荷超过 1.3 亿 kW，很多地区都出现了电力供需偏紧的现象，不得不通过有序用电来保障电力供给平衡，甚至采取拉闸限电的极端措施也时有发生，对工业生产、居民生活都带来了困扰。为此，2022 年 5 月，国务院常务会议提出在原有基础上再拨付 500 亿元补贴资金、注资 100 亿元，支持煤电企业纾困和多发电，决不允许出现拉闸限电。

但是我们应清楚地认识到，尽管高峰用电负荷对电力系统威胁巨大，但是持续时间并不长。图 1-9 把某地区电网的负荷率按小时采样并排序，横坐标是小时数。5% 尖峰负荷的持续时间全年仅有 34h；10% 尖峰负荷有 142h，在全年时间中的占比不到 2%，通过建设调峰电源和配网增容显然是利用率低和不经济的。所以，电力系统开始重视用户侧的需求响应，鼓励用户在高峰时段主动压减用电负荷。事实上，浙江、江苏、广东等多地都已经出台了需求响应管理办法和补贴政策，以解决全年 100h 的尖峰负荷问题。建筑空调负荷是夏季电力负荷的重要组成，因此，利用建筑空调负荷的可调节性参与需求响应是当前电力领域和建筑领域都共同关注的焦点，上海、浙江、广东都有开展建筑负荷需求响应的试点示范。

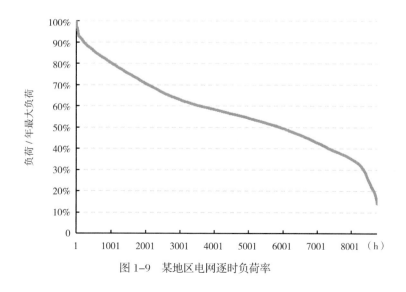

图 1-9 某地区电网逐时负荷率

1.3.2　未来：全年8760h平衡问题

未来电网的挑战是风光电出力与用电负荷的不匹配。现在，火电是主要电源，电网的最大供给能力主要是由火电机组的装机容量决定，只要发电设备正常、燃料储备充足，电网的供给能力就有保障。未来，风电和光电将成为主要电源，但是风电和光电无法像火电一样保障电网的电力供给，因为它们的出力由气象条件决定，即使发电设备正常，但不出太阳、不刮风时也没法产出电力。所以，未来电力系统必须有大量调峰设施，能够在风光出力偏小的时候把电力缺口补上，同时还要有大量储能设施，能够在风光出力偏大的时候把电力储存起来，以备电力紧张的时候使用。在美国加利福尼亚州，光伏和光热电站对其电力结构的贡献占比已经超过了15%。由于光伏发电时间集中在日间，光伏的大规模发展使得当地电力负荷呈现"鸭子"形态，如图1-10所示。而且随着光伏发电量的持续增加，"鸭子肚子"也越来越大。当地的电力运营商对此十分担忧，积极开展建筑柔性调节技术的研究示范，且推出鼓励削峰填谷的电力市场产品。

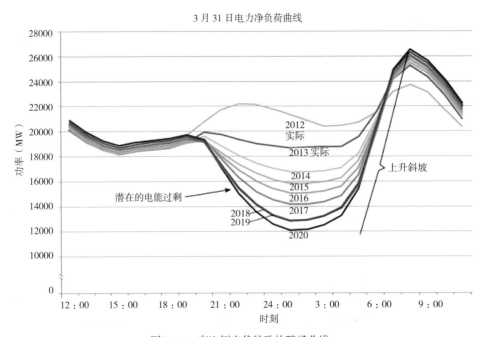

图1-10　高比例光伏导致的鸭子曲线
(来源：California Independent System Operator)

但是这还不是未来的负荷曲线，当我们同时考虑风电和光伏发电，未来的峰谷将被重新定义。从日平衡角度看，未来电力可能白天是谷晚上是峰，与现在正好颠倒过来。现在的电力紧张主要是由于用电负荷高峰，而未来的电力紧张还要看风光电出力的大小。用电负荷低但风光电出力更低的情况仍然会出现电力紧张，而用电负荷高但风光电出力更高的情况依然会出现电力盈余。随着能源结构的转变，电力供需关系也发生改变，如图 1-11 所示。深夜电力盈余的现象会随着火电比例的降低而逐渐消除，早上至午后的用电高峰也会随着光电比例的增加而消除，并产生大量余电需要消纳，晚上依然是用电高峰，而且由于光伏发电少，晚高峰的电力紧张程度会进一步加剧。

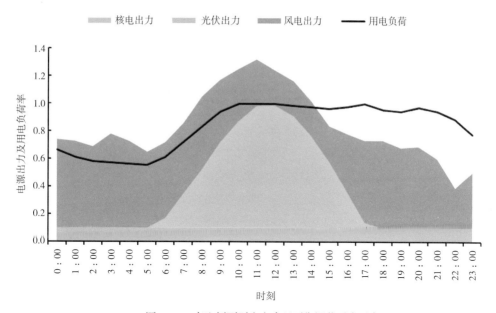

图 1-11　高比例可再生电力日平衡调节需求示意

进一步从全年 365 天看，我国处于北半球，冬季太阳能辐射量小，发电量相对夏季少，再加上冬季进入枯水期，水力发电也相对小，这就导致冬季需要火电的调节，如图 1-12 所示。热电联产所生产的电力用于冬季电力平衡，所生产的热用于北方地区集中供暖，所排放的碳通过碳捕获、利用与封存（CCUS：Carbon Capture, Utilization and Storage）等技术解决。

由于风能和太阳能的波动性，未来电力紧张和电力盈余往往会以天为周期甚至

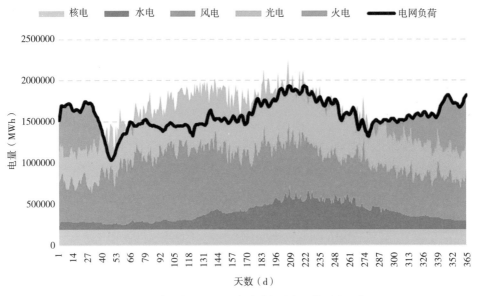

图1-12　高比例可再生电力跨季节平衡调节需求示意

更短时间为周期反复出现。电力调峰和储能需求也不再是全年用电峰值时期（全年约100h），而是随机广泛分布在一年四季和一天不同时间段（全年8760h）。这是未来电力系统的挑战，同时也是建筑负荷柔性的发展机遇。

2 建筑节能

从历史发展看待当下与未来：建筑节能何去何从？

"建筑节能，利国利民"，这句话，是无数节能工作者日夜奋斗的激励！

节能对国家，能保障能源安全（今天），支持可持续发展（明天）；

节能对个体，能节省能源费用（经济），节约行为本身也是社会（文化）所倡导的。

建筑，是除工业生产外，国家主要的能源消耗部门，如果将建筑用钢铁、水泥、墙材等能耗都统计到建筑行业，那么建筑节能无疑是节能工作的重中之重。

建筑节能最开始主要面向建筑物性能设计（第一部节能相关标准是设计标准），这是建筑节能工作链条的起点，进而是工程建设管理、用能设备选择，建设完成后传递到建筑使用者。从这个链条看，参与到节能中的各个主体，一开始并没有直接的经济利益驱动。

从整个发展历史来看，建筑节能由政策引导，继而产生市场需求；政策对节能技术、服务和工程项目实施有着十分强的引领和推动作用。

建筑节能的政策要求，促进了门窗、保温、机电设备等技术的大幅发展。

建筑节能行业的发展，又充分吸纳和整合了其他行业的技术进步，持续创新。

2.1　两个维度看建筑节能的历史

"节能"，源于 20 世纪 70 年代发生的两次世界范围内的石油危机。按照世界能源委员会 1979 年提出的定义，节能是采取技术上可行、经济上合理、环境和社会可接受的一切措施，来提高能源资源的利用效率。

随着时代的发展和科技、社会的不断进步，不论对"节能"的定义如何推陈出新，其本质就是从能源生产到能源消费，全过程、各行业共同参与的工作。

"建筑节能"是我国节能工作的重要组成。

1986 年第一部建筑节能设计标准发布并试行：《民用建筑节能设计标准（采暖居住建筑部分）》JGJ 26-86（试行）。第一项建筑节能规划发布于 1994 年，建设部制定了《建筑节能"九五"计划和 2010 年规划》，这是第一次编制建筑节能专项规划。第一部工业领域的节能专项规划发布于 2012 年发布，比建筑节能的专项规划晚了近 20 年。（注：工业和信息化部于 2008 年组建，有专门的节能司。机械工业部于 1982 年成立，1987 年撤销；1993 年组建，1998 年再次撤销。生产与信息统计司有节能的职能。）

2.1.1　纪传体：各个阶段的发展历史

从建筑全寿命期来看，人们不断丰富和完善工程项目各阶段的标准体系，通过填补空白或提升要求的方式，不断提升工程实施水平、产品技术性能。

图 2-1 上部分是各个阶段首部相关标准规范，下部分选取了若干重要的标准导则，代表该阶段的技术体系完善和提升。

2.1.2　编年体：从时间线上梳理过程

从 20 世纪 80 年代以来，节能工作不断升华，几乎每年都有行业级的事情发生，我们选取了每年的重要事件，如图 2-2 所示，以此来致敬数以万计的从业者的辛勤付出。

从历史发展来看，建筑节能行业的标志性资料主要包括：

（1）法律法规。

（2）五年专项规划。

设计

- 1986 年:《民用建筑节能设计标准 (采暖居住建筑部分)》JGJ 26-86(试行)
- 1993 年公共建筑雏形:《旅游旅馆建筑热工与空调节能设计标准》GB 50189-1993
- 2005 年:《公共建筑节能设计标准》GB 50189-2005
- 2021 年:《建筑节能与可再生能源利用通用规范》GB 55015-2021

建设

- 2004 年:《外墙外保温工程技术规程》JGJ 144-2004
- 2005 年:《民用建筑太阳能热水系统应用技术规范》GB 50364-2005
- 2021 年:住房城乡建设部印发《绿色建造技术导则 (试行)》(建办质〔2021〕9 号)

验收

- 2002 年:《通风与空调工程施工质量验收规范》GB 50243-2002
- 2007 年:首部以达到节能设计为目的的建筑节能验收规范《建筑节能工程施工质量验收规范》GB 50411-2007
- 2010 年:《风机、压缩机、泵安装工程施工及验收规范》GB 5275-2010

评价

- 2005 年:北京市《绿色建筑评估标准》DBT 01-101-2005
- 2006 年:首部国家标准《绿色建筑评价标准》GB/T 50378-2006
- 2016 年:首部以实际数据为依据的国家标准《民用建筑能耗标准》GB/T 51161-2016
- 2019 年:《近零能耗建筑技术标准》GB/T 51350-2019

运营

- 1994 年:《节能监测技术通则》GB 15316-1994
- 2005 年:《空调通风系统运行管理规范》GB 50365-2005
- 2008 年:关于印发国家机关办公建筑和大型公共建筑能耗监测系统建设相关技术导则的通知 (建科〔2008〕114 号)
- 2016 年:《绿色建筑运行维护技术规范》JGJ/T 391-2016

改造

- 2000 年:《既有采暖居住建筑节能改造技术规程》JGJ 129-2000
- 2006 年:《既有居住建筑节能改造技术规范》DB11/381-2006
- 2009 年:《公共建筑节能改造技术规范》JGJ 176-2009
- 2015 年:《既有建筑绿色改造评价标准》GB/T 51141-2015

图 2-1　各阶段首部规范及重要标准

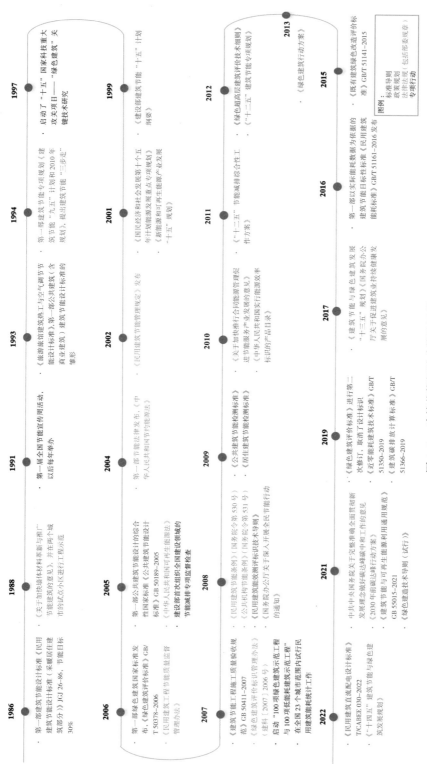

图 2-2　建筑节能相关政策及历程

（3）标准规范。

（4）奖励补贴政策。

（5）技术产品。

建筑行业从"九五"期间就开始编写节能专项规划，早于工业和交通的节能规划，这体现出行业主管部门和专家们对节能的高度重视。

2.2　建筑节能的时代特点：从关键词看历程

从"九五"以来的"建筑节能专项规划"，建筑节能行业已历经近 30 年的发展。专项规划中新建 / 既有、城镇 / 村镇、不同气候区、公共 / 居住建筑、北方供暖等划分，从"九五"一直延续至今。但是，行业所面临的主要问题、要解决的主要矛盾，随着时代的发展而不断变化。从最开始关注建筑物本身的性能指标，到开始对重点设备的能效进行评价，进而加强实际运行能耗的监督管理，经历了一系列的认识提升、解决主要矛盾、认识再提升、再解决主要矛盾的螺旋式上升过程。

2.2.1　建筑节能"三步走"：30%、50%、65%

（1）来源

1994 年，建设部制定了《建筑节能"九五"计划和 2010 年规划》，首次提出了后来被业内广泛流传的"三步走"概念：

新建采暖居住建筑 1996 年以前在 1980—1981 年当地通用设计能耗水平基础上普遍降低 30%，为第一阶段。1996 年起在达到第一阶段要求的基础上节能 30%（相对于 1980—1981 年节能 50%），为第二阶段。2005 年起达到第二阶段要求的基础上再节能 30%（相对于 1980—1981 年节能 65%），为第三阶段。

（2）相关标准

第一步：30%

《民用建筑节能设计标准（采暖居住建筑部分）》JGJ 26-86（试行）

《旅游旅馆建筑热工与空气调节节能设计标准》GB 50189-1993

第二步：50%

《民用建筑节能设计标准（采暖居住建筑部分）》JGJ 26-1995

《夏热冬冷地区居住建筑节能设计标准》JGJ 134-2001

《公共建筑节能设计标准》GB 50189-2005

1997 年 170 个城市开始强制执行

2000 年底，满足 JGJ 26-1995 的，只有 1.8 亿 m²（全国总建筑面积 76.6 亿 m²）

第三步：65%

《严寒和寒冷地区居住建筑节能设计标准》JGJ 26-2010

《公共建筑节能设计标准》GB 50189-2015

后续：75%

《严寒和寒冷地区居住建筑节能设计标准》JGJ 26-2018

（3）执行情况

2005 年 6 月建设部下发了《关于进行全国建筑节能实施情况调查的通知》（建办市函〔2005〕322 号），首次组织全国建设领域的节能减排专项监督检查。2005 年，按照 95 标准（第二步）设计的占 90%，而按标准建造的仅为 30%。到 2008 年，这个比例分别提高到 98% 和 82%，到 2015 年，这两项比例已基本达到 100%。

2.2.2　建筑能耗"定量化"：能效与能耗

（1）来源

2008 年，住房和城乡建设部组织有关专家编制了《民用建筑能效测评标识技术导则》，导则包括了民用建筑的"能效理论值"、测评方法、实测值和标识报告等方面，适用于新建居住和公共建筑以及实施节能改造后的既有建筑能效测评标识。建筑"能效"的相关理念，也应用于绿色建筑评价、民用建筑节能管理条例等工作中。同年，住房和城乡建设部还印发了《国家机关办公建筑和大型公共建筑能耗监测系统建设相关技术导则》（建科〔2008〕114 号），用以"切实推进国家机关办公建筑和大型公共建筑节能管理工作，指导各地建筑节能监管体系建设"，实则是将能耗作为管理对象，由此之后，全国各省市开始广泛建设建筑能耗监测平台，采集了大量的能耗数据。只是此时"能效"与"能耗"还有些未阐明之差异。

"十二五"开始，逐步关注单位面积能耗，通过统计、监测等技术手段，量化了建筑能耗，如北方居住建筑年耗电量 10~30kWh/m²，供暖 0.2~0.3GJ/m²，公共建筑 50~200kWh/m² 等，给出了不同建筑用能强度的约束值和引导值。

（2）相关标准

《民用建筑能耗标准》GB/T 51161-2016 发布。

2.2.3　建筑节能"求极值"："超低""近零"与"净零"能耗建筑

（1）来源

超低能耗建筑是指在围护结构、能源和设备系统、照明、智能控制、可再生能源利用等方面综合选用各项节能技术，能耗水平远低于常规建筑的建筑物，是一种不用或者尽量少用一次能源，而使用可再生能源的建筑物。

超低能耗的概念与被动房结合（概念源于德国），被动式超低能耗建筑是指适应气候特征和自然条件，采用更高保温隔热性能和建筑气密性的围护结构，运用高效新风热回收技术，最大程度降低建筑供暖供冷需求，并充分利用可再生能源，以更少的能源消耗提供舒适的室内环境，且其室内环境参数和能耗指标满足标准要求的建筑。1991 年建成第一栋，2007 年起，建设部科技与产业化发展中心与德国能源署合作，开始大力推广被动房。

"近零能耗建筑"一词源于欧盟《建筑能效指令》（Energy Performance of Building Directive recast，EPBD，2010）。近零能耗建筑设计技术路线强调通过建筑自身的被动式、主动式的设计，大幅度降低建筑供热供冷能耗需求，使能耗控制目标绝对值降低。

"净零能耗建筑"（Net Zero Energy Building）一词源于美国（2009 年 Federal Leadership in Environmental，Energy，and Economic Performance，13514 号行政命令），是指全年总能耗量近似等于在现场或在其他地方所生产的可再生能源量的建筑。类似地，可以把全年生产的可再生能源量大于全年总能耗量的建筑叫作增能建筑（Energy Plus Building），而把全年生产的可再生能源量没有达到全年总能耗量的建筑称为近零能耗建筑或超低能耗建筑（Ultra-low Energy Building）。

（2）相关导则和标准

《被动式超低能耗绿色建筑技术导则（试行）》，由住房和城乡建设部于 2015 年 11 月 10 日发布。

《近零能耗建筑技术标准》GB/T 51350-2019，由中国建筑科学研究院有限公司主导编制，2019 年发布。

2.3　从电力视角，建筑节能哪些方面还要变

2.3.1　局部和整体：降低单位面积能耗同时兼顾提升柔性用电

局部是：建筑围护结构性能、机电系统效率、可再生能源替代率等。

整体是：建筑用电需求侧与高比例可再生电力供给侧构建的新型电力系统。

过去建筑节能工作者，关心围护结构的保温、隔热、遮阳和气密性等性能，通过出标准、做示范、搞检查，以确保建筑物性能达到节能要求，关心用能设备和机电设施能效等级高不高，通过市场准入和提出设计要求，以确保选用的设备效率能够支持节能，关心建筑物上的太阳能集热量、光伏发电量，热泵系统供冷热量，通过奖励补贴的方式，以鼓励更多的可再生能源产量，这些举措可以认为是在各个"局部"解决节能问题。

从整体角度看，就是不仅要关注建筑用电需求侧，还要关注高比例可再生电力供给侧，以及二者共同构建的新型电力系统。建筑节能应从重视节能（节约 kWh）向重视柔性（调节 kW）转变。

节能和柔性是对立统一的，二者目标一致，互相转换。当节能很差时，柔性不能解决问题，节能是主要任务，当节能做到一定程度后，柔性转为矛盾的主要方面。二者关系还与能源结构有关：当化石能源电力为主时，任何时候的电量都是高成本，因此节能为主，当可再生零碳电力比例加大后，火电成为调峰手段，柔性就转为主要矛盾。

对于以化石能源为主的火电，电成本组成中燃料的边际成本占很大比例，如燃煤电 0.30 元 /kWh，燃气电约 0.50 元 /kWh，所以任何时刻即使在负荷低谷期，电量都实实在在地消耗着燃料，还有水耗、排烟净化成本等。任何时候少用 1kWh 电力至少都可以节省这些成本。但是当改为零碳电源后，成本构成完全不同，边际成本几乎为零。核电发电与不发电运行费用几乎不变，水电按照调峰模式运行时，水资源最宝贵，要计算成本，而不是在调峰期时，水资源充足，发电还是不发电也没有成本的变化。这样就得到：在没有启动调峰电力时，电力成本是由功率决定的，而与电量无关。由于要求的总功率高，才需要建设这样多的风电光电和水电核电，降低总功率就可以降低要求的总安装容量。而调峰电力和电量则是决定调峰成本。通常，调峰电源包括火电、水电（如抽水蓄能和按照调峰模式运行的水电）和各类

集中储能系统。随着储能占比的增加，100h 现象逐渐取消，对调峰来说，主要矛盾将从功率转移到电量，可以近似认为调峰成本主要是电量。那么，什么时候需要调峰呢？当零碳电力之和的功率小于当时的用电功率时，就需要调峰。所以要求调峰所对应的并不一定是出现最大用电功率的时刻。而调峰的代价就是碳排放与资源的投入，是每千瓦时对应的成本。于是，要降低用电成本、降低用电对应的碳排放和资源利用，就要：一方面减少要求的用电功率，这可以减少要求的风电、光电、核电装机容量，另一方面减少使用调峰电量。

当终端用电的变化曲线与零碳电力变化曲线完全一致，不需要任何调峰时，可以认为是达到了最低的用电成本。此时电力成本仅与最大功率成正比，而任何偏离了零碳发电曲线的用电曲线，其高出部分的积分电量需要由调峰电源提供，这对应着巨大代价，而低出部分则意味着"弃风、弃光、弃核"，并不增加什么成本。

这样，建筑终端用电就应该：第一，通过各种措施，使其用电曲线尽可能接近零碳发电侧的曲线，第二，降低最大输入功率，这都需要建筑柔性用电来实现。

因此，第一要务是通过调动柔性资源，严格跟随零碳电力的变化而用电，这是光储直柔的任务。在达到上述要求的基础上，进一步提高效率降低电量，从而减少对零碳电力的需求。

由于建筑物的"锁定效应"，以及我们未来一定要实现零碳，因此现在就需要大力发展建筑用电的柔性资源，也就是说，即使目前火电占比还较大，但仍然要补足柔性能力，而不是在节能 70% 的基础上再进一步到节能 80%、90%，甚至到零能耗。在没能实现节能 70% 时，进一步加强节能可能比增加用电柔性容易，投资少、见效快，当实现 70% 节能以后，进一步节能的投入要高于提高柔性的投入。当前建筑节能主要任务应转移到提高用电柔性。

2.3.2　二者和四者：建筑光伏和电动车成为标配

二者：建筑、电网。

四者：建筑、电网、建筑光伏、建筑储能。

现在的用电模式是"建筑只管用、电网保障供"，建筑中的电力能量平衡只有供需二者的关系。未来，当屋顶或立面安装光伏板、隔间放入储能柜，地下车库安装双向充电桩，再配上电力市场的实时电价以及各种各样需求侧响应机制时，用电模式也随之改变。未来建筑配电需要关注发、储、供、用四者的平衡，用能模式变得灵活的同时也对能源管理提出了更高水平要求。

通常建筑电气设计考虑的是用电负荷和城市电网两者的关系，如图2-3所示。此时，建筑负荷一般认为是刚性的，建筑用户需要多少电力，电网就要提供多少电力，电源随负荷的变化而调节。目前电力系统中火电机组和水电机组的装机容量比例高达70%，有能力满足电网一次调频、二次调频、调峰、备用等电力系统调节的要求，所以建筑用户一般只考虑配电容量是否足够即负荷峰值工况能否被满足，而不会关心非峰值工况下的调节问题。

图2-3   电力系统中的二者：刚性的建筑负荷

当电网电源中风光电占比较高时，建筑外表也配置大量太阳能光伏，此时建筑配网的电力平衡关系不再是原来的二者平衡，变成建筑光伏、建筑储能、用电负荷和电网四者的平衡[①]。而且，储能和负荷柔性调节技术在建筑中的推广应用也将导致现在的"源随荷动"的运行模式向"荷随源动"的运行模式逐步转变，建筑在充分消纳建筑场地太阳能光伏的基础上，还可能为电力系统提供辅助服务，协助电网削峰填谷、消纳风光电。所以，未来的建筑电气设计需要站在城市电网的角度，更多地考虑四者的动态平衡，如图2-4所示。

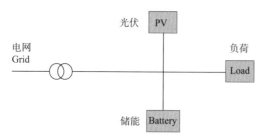

图2-4   电力系统中的四者：柔性的市政取电

---

① 团体标准《民用建筑直流配电设计标准》T/CABEE 030–2022.

建筑光伏和电网可再生电源的波动性、建筑储能和柔性负荷的可调节性，将对负荷计算、储能容量以及系统控制等产生显著的影响。常规基于最大负荷工况确定建筑配电容量的方法需要重新思考其合理性和经济性，储能容量的计算也必须考虑时间维度的负荷变化而无法从单点工况得出。与此同时，建筑能量管理也变得相对复杂，需要优化计算调度储能、充电桩或者柔性用电负荷，结合电力系统调度计划，使四者时刻处于平衡状态。随着负荷平衡调节的常态化，建筑负荷柔性调节对建筑用户舒适性和使用需求的影响不可忽略，用户调节意愿也将成为建筑能量管理策略的关键影响因素。

2.3.3　消费和生产：柔性调节参与电力现货市场交易

消费：建筑是单纯的消费主体。

消费和生产：建筑 + 光伏 + 储能，建筑成为消费和生产主体。

建筑既是能源消费的主体，未来还可以是能源生产和能源储存的主体。拥有分布式电源、分布式蓄能以及负荷调节能力的建筑可以经过资源聚合表现出虚拟电厂的性能特征。建筑作为单纯电力消费者的角色正将发生转变。

这里需要强调的是，生产不意味着向电网送电。在大电网的统筹供给模式下，建筑始终是消费者角色。而随着分布式技术发展，光伏发电、储能充放电和电动车的交互，都可以发生在"建筑物"的物理边界内，由"建筑物"作为节点，与电网进行交互。即，形成分散生产、分散蓄调和分散使用的新模式，如图 2-5 所示。

集中生产、跨区输配、分散使用　　　　　　　　分散生产、分散蓄调、分散使用

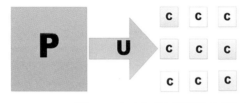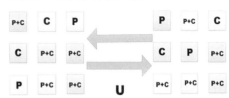

图 2-5　电力生产与消费模式变化（P 代表生产，U 代表输配，C 代表使用）

建筑光伏直接为建筑所用以削减白天的负荷峰值，电动车冗余的电池容量可以通过柔性双向充电桩实现有序充电和必要时的放电，还有建筑的柔性负荷可以通过短时间降低或者延迟等效为备用电源帮助电网应对冬夏峰值。未来建筑之于城市电

力系统，既是电力的消费者也是能源的生产者，既是电力辅助服务的使用者也是提供者。

随着角色的转变，将进一步提升建筑节能自身的价值，激活建筑节能市场。现在作为消费者的建筑用户只需要按照目录电价的计费规则缴纳电费即可，而未来集产消于一体的建筑不仅可以通过电力市场购买电量，而且还可以提供更多有价值的电力辅助服务。

3 建筑与电力携手零碳

这是一个美好的、智慧的时代，

这是一个光明的、希望的季节。

科学的进步是连续的：我们站在前人的肩膀上，一点一点认识世界，解释规律，利用规律改造世界。

科学的进步也是跳跃的：我们不断审视着当下，反思着既往，哪怕有一点点疑问，也要推翻，重塑，直到新的认识诞生。

从建筑节能发展的历程来看，凝聚了热物理、结构、材料和能源，甚至医学、美学等专业的认知和实践。

每隔数年，就有一个焦点、热点被提出，分析和落地，代表着无数从业者们孜孜不倦的探索精神。

立足当下，我们既激动兴奋，又忐忑不安地发现，我们对建筑与能源系统有了新的看法，希望能够得到行业广泛的讨论、辩论，乃至争论。

3.1　建筑电气化

建筑领域实现碳中和包括降低直接碳排放和减少间接碳排放两个维度。减少直接碳排放就是通过用能结构调整来实现，采用电替代煤、电替代油气等方式，加大电力占建筑总能耗中的占比。目前我国建筑电气化率仅为58.3%[①]，有很大的提升空间。2021年9月发布的《中共中央国务院关于完整准确全面贯彻新发展理念做好碳达峰碳中和工作的意见》明确指出"深化可再生能源建筑应用，加快推动建筑用能电气化和低碳化"。2022年3月住房和城乡建设部《"十四五"建筑节能与绿色建筑发展规划》进一步提出"建筑用能电力替代行动"。以减少建筑温室气体直接排放为目标，扩大建筑终端用能清洁电力替代，积极推动以电代气、以电代油，推进炊事、生活热水与供暖等建筑用能电气化，推广高能效建筑用电设备、产品。到2025年，建筑用能中电力消费占社会电力消费比例超过55%（2020年仅25%）。

3.1.1　整体目标：涵盖供给、消费和建设的指标规划

建筑电气化的整体目标，包括电力供给、电力消费和项目建设三类指标。按照近、中远期规划，各项指标见表3-1。

建筑电气化的发展目标[①]　　　　　　　表3-1

分类	指标		2018年	2025年	2035年	2050年
电力供给指标	城市分布式光伏覆盖率		0.5%	1.4%	2.7%	3.0%
	建筑非化石电力供给比例		29%	40%	55%	90%
	建筑供电可靠率		99.94%	（99+X）%		
电力消费指标	人均建筑用电量（kWh）	城市	1600	2000	3600	4300
		农村	500	800	1150	1500
	建筑电气化率	城市	55%	66%	82%	90%
		农村	26%	30%	55%	70%
	建筑用电量占全社会用电量比重		26%	30%	35%	40%
项目建设	建筑光伏装机容量（GW）		20	80	300	1000
	建筑储能配置容量（GWh）		—	0.5	25	300
	"光储柔直"建筑面积（亿m²）		—	0.5	20	200

① 按供电煤耗法计算。

近期（2020—2025 年）：消费增长，快速量变。"十四五"期间随着经济水平提高和电能替代工作在清洁供暖、生活热水等领域的持续推进，人均建筑用电量将维持略高于"十三五"期间的年均增速，主要是消费侧变化带动供给指标变化，政策对光储直柔技术给予一定的支持。

中期（2025—2035 年）：增长放缓，质变提效。考虑到社会经济增长速率变缓，人均建筑用电量和电气化率的增长速率也将随之变缓，随着建筑光伏一体化、建筑储能、光储直柔集成等技术的成熟和经济性凸显，同时考虑碳达峰的承诺，可再生能源技术和新型建筑供配电技术将会在 2025—2035 年期间迅速发展。

远期（2035—2050 年）：高度电气化，技术红利好。建筑用电量仍会保持稳定的速率增长，电能替代工作持续深入推进，预计到 2050 年除了北方集中供暖使用热电联产和农村使用生物质外，其他建筑用能需求基本上实现电气化，而光储直柔技术应用的市场效益凸显，技术的大规模应用，又促进了人才涌入、市场效益和技术创新，形成可持续的技术飞轮驱动。

3.1.2　具体策略：SWOT 环境下的策略设计

（1）优势（S）——建筑电气化可促进可再生能源发展，尤其是风光电的消纳，提高建筑能效和用能可靠性，电力的可靠性也随着电气化的发展而逐步提升，实现建筑能源管理和需求响应，用电的量化可控性大大优于燃气、煤和热力，建筑融入电力系统的整体协调，促进建筑与电网、交通和工业的协同发展。

（2）劣势（W）——在炊事、生活热水和供暖等方面，用户习惯改变需要时间，一些关键设备研发需要前期投入，存在投资风险，标准和政策不完善，早期难以规模化发展。

（3）机遇（O）——随着低碳能源转型、源网荷储控一体化等技术发展，电气化的技术可行性不断提高，随着新型城镇化、新农村建设和经济内循环的提出和深化，市场环境将越来越有利于电气化的发展，以及新技术的应用。

（4）挑战（T）——短期内可再生能源成本优势不明显，经济下行压力，影响技术研发和应用，在既有电价政策下的利益格局迟滞作用下，创新的技术应用体系难以短期形成。

分析上述环境，考虑不同因素交叉的作用，策略如下：

（1）SO 策略——瞄准新需求，解决新问题。发展高效电能替代和新型建筑电力系统，提高建筑电力系统能效和可靠性，实现建筑能源管理和需求响应，促进城市低碳能源转型和"源网荷储控"一体化发展，在城市和农村发展新型建筑电力系统，促进新型城镇化发展、新农村建设，促进能源供给清洁化、智能化，并依托国内产业链促进经济内循环。

（2）WO 策略——利用既有创新政策、平台和资金。建立示范建筑或示范区域。试行新技术和新政策，整合产业链，制定迭代标准，检验技术政策的可行性和用户的接受度。

（3）ST 策略——推广既有成熟技术。借鉴其他领域的既有技术，实现建筑与电网、交通、工业的协同发展，减少技术迭代周期，降低设备成本，推广电热泵技术，发挥电气化的减排优势和安全优势，推动高效电能替代，尤其是农村散煤燃烧和城镇燃煤／燃气锅炉，推广光伏技术，充分利用本地分布式可再生能源，降低用户用能成本，甚至在可再生能源丰富的农村为用户创收。

（4）WT 策略——争取新的创新政策、平台和资金。国家根据远期低碳发展目标做顶层规划。

3.2　光储直柔建筑与电力交互

随着建筑电气化率不断提高，建筑领域实现零碳的重点是如何减少间接碳排放，也就是提高可再生能源电力的比重。在新型电力系统章节我们讨论未来高比例可再生伴随着全年 8760h 动态电力平衡的严峻挑战，在 2 建筑节能一章中，我们也讨论过建筑负荷动态管理与柔性调节的发展方向，从而能够解决电力实时平衡问题。光储直柔技术正是在这样的背景下产生，并实现建筑与电力的握手。

光储直柔是建筑光伏、建筑储能、直流配电和柔性用电四项技术的简称。建筑光伏与建筑储能是面向碳中和时代建筑的标配，直流配电是连接建筑光伏、建筑储能、建筑负荷和电网的桥梁，是实现柔性用电的技术路径，柔性用电是光储直柔的目标，是建筑节能的新方向，是新型电力系统的重要组成。我们说的柔性用电不是自问自答，而是根据电网的调节指令作答，从而实现建筑电力交互。

3.2.1 建筑用电柔性从何而来

建筑用电柔性是通过调节用户侧解决发电负荷和用电负荷不匹配问题的一种能力。建筑用电柔性来自于三方面，如图 3-1 所示。一是建筑用电设备，在保障生产生活基本质量的前提下，通过优化设备的运行时序，错峰用电，二是储能设施，投资建设储能电池、蓄冷水箱、蓄冰槽、蓄热装置等，直接或间接地实现电力的存储，三是电动车，通过智能充电桩连接电动车电池和建筑配电系统，在满足车辆使用需求的基础上，挖掘冗余的电池容量，使停车场中电动车发挥"移动充电宝"的作用。

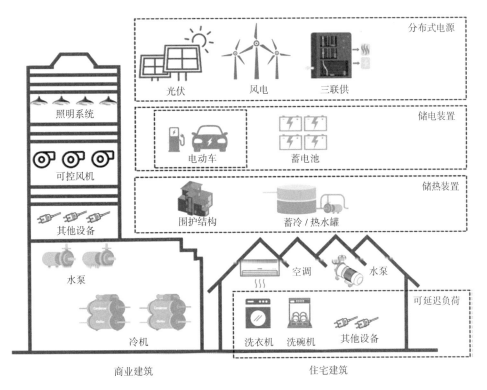

图 3-1　建筑中的可调节设备

用电设备的柔性。建筑中有丰富的可调节设备，或是可以转移用电负荷，或是可以削减用电负荷。例如，暖通空调就是典型的可调节负荷，建筑围护结构、冷水系统都具有一定的蓄冷和蓄热能力，短时间地关闭空调或调整空调输出功率并不会显著影响室内环境温度，因此通过控制空调启停、改变变频空调的压缩机频率、改变中央空调空调箱运行风量，或者放开室内温度的控制精度等方式都可以在不影响或少影响用户舒适度的情况下实现负荷柔性控制。照明系统从技术上也是可以实现在用电高峰时段降低室内照度等级，从而降低照明功率的，但是由于人对灯光变化比较敏感，需要充分考虑人的舒适度，分时分区制定精细化的调控策略。智能设备如洗衣机、洗碗机等，在非急用的情况下，可以通过节能模式降低负荷，也可以延迟启动避开高峰。还有很多自带电池的移动设备，也可以作为可中断负荷来调控。过去，用电设备的调节手段主要为满足多样化的使用需求，现在，基于智能化管理调度，能够利用用电设备的柔性改变建筑的负荷形态，实现电力调峰和可再生能源消纳。

储能设施的柔性。储能电池是直接储存电力的设备，它既可以作为建筑或者设备的备用电源，在电力供给故障时为建筑或者设备提供短暂的电力供给，还可以结合峰谷电价在低电价时段储存电力，在高电价时段释放电力，从而来实现削峰填谷。在不少建筑中已采用的冰蓄冷、水蓄冷等蓄能装置可以间接地储存电力，即把用电低谷时期的电力通过暖通空调系统转化为冷热量储存起来，在用电高峰时期释放以减少原本暖通空调在该时段需要消耗的电力。储能设施的柔性是单纯的能量转移，对用户舒适性没有影响。从趋势上看，储能成本和调峰收益分别呈下降和上升趋势。在成本方面，2022 年国家发展改革委、国家能源局发布的《"十四五"新型储能发展实施方案》提出了到 2025 年电化学电池系统成本降低 30% 以上的发展目标。在收益方面，2021 年国家发展改革委发布关于进一步完善分时电价机制的通知，提出要拉大峰谷电价，多省市陆续执行，如深圳市普通工商业用户的峰谷电价分别为 1.3553 元 /kWh 和 0.289 元 /kWh，峰谷价差达 1.0663 元 /kWh。以系统成本 1500元 /kWh、循环寿命超过 3000 次、效率超过 85% 的磷酸铁锂电池为例，一度电储能成本约为 0.56 元 /kWh，在当前的峰谷价差下已经可以盈利。未来，随着电池成本的进一步降低、峰谷价差的进一步拉大，建筑中配置储能的经济价值会越来越好。

电动车的柔性。为适应能源结构的低碳转型、减少城市汽车大气污染物排放，新能源汽车是未来的重要发展趋势。虽然目前全社会新能源汽车保有量只有几百万辆，但是增长速度迅速，预计未来全社会新能源汽车保有量会超过 3 亿辆。与此同时，电池技术的发展使得电动车电池在满足行驶需求之外还有大量的冗余容量。按照 500km 续航里程和 3000 次循环计算，可以行驶 150 万 km，已经远远超出了普通私家车的行驶里程需求，电池循环次数对于汽车使用生命周期是冗余的。电动私家车的使用场景主要是城市内通勤，500km 的续航里程基本能做到一周一充，电池容量对于日行驶需求是冗余的。而且，电动私家车 80% 的时间是停在住宅、办公、商业建筑周边的停车场。在充电桩设施健全后，电动车完全可以实现有序充电和双向充放电，与建筑用电负荷协同，利用冗余电池容量和循环次数可以为建筑提供柔性。

在以风、光为主的能源结构下，发电侧负荷与用电侧负荷不匹配的现象时常发生。如图 3-2 所示，原始负荷是建筑正常使用情况下的用电规律，而目标负荷则是根据最有利于消纳可再生能源原则确定的用电规律。为了从原始负荷到目标负荷，需要利用建筑设备、储能电池、电动车的柔性：在前半天目标负荷大于原始负荷时车辆充电、电池充电、负荷调增，以消纳可再生能源余量，在后半天目标负荷小于原始负荷时车辆放电、电池放电、负荷调减，以缓解电力紧张。这种"荷随源动"的柔性建筑能够有效缓解未来高比例可再生电源结构下的电网调峰压力，提高运行经济性，同时也能够为建筑自身提供高质量、智能化的供电服务。

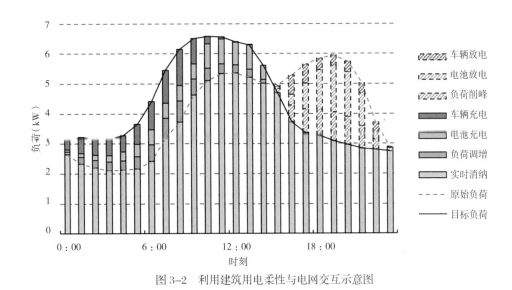

图 3-2　利用建筑用电柔性与电网交互示意图

3.2.2　为什么要直流配电

直流是手段，柔性是目的。直流配电是连接建筑光伏、建筑储能、建筑负荷和电网的桥梁，是实现柔性用电的技术路径，是新型建筑配电系统。低压直流配电技术最早在舰船、通信等领域应用，自 21 世纪初开始以直流微网的形式在建筑和能源领域开始出现，目前国内实际运行的示范项目已有二十余项，从设计到运维、从变换器到终端电器的关联产业已基本实现 0 到 1 的转变。伴随着建筑光伏、建筑储能、终端电器直流化和电力电子技术的快速发展，建筑直流配电的优势逐步显现[①]。发展低压直流配电是对未来建筑配电系统形式的探索，面向未来建筑光伏和建筑储能的高效利用、柔性负荷聚合调控、高质量高可靠供电等新的需求，设计新架构，定义新接口，提出新的系统解决方案。

（1）单参数实现柔性调节。直流母线电压是衡量系统功率平衡的唯一标准，系统内不存在交流系统里的频率稳定、无功功率等问题。无论是直流电源还是直流负荷，并入直流配网时只要考虑电压一个参数，无需考虑同步问题，大大降低了设备的并网难度。此外，利用直流母线电压带较宽的特性，可建立直流母线电压与建筑设备功率之间的联动关系，例如空调设备可以在母线电压较低时降功率运行，建筑储能电池和电动车在母线电压较高时开始充电。这样直流母线电压就充当了柔性调节信号的作用，不需要专门建立通信，也能引导终端用电设备的功率调节。这种基于直流母线电压的自适应无通信控制方法具有简单和可拓展性的优势，能够适应复杂多样的建筑终端设备和用户需求。深圳建科院未来大厦开展了基于直流母线电压调控方法的示范，并接入到南方电网虚拟电厂管理平台，有效响应电力系统下发的日前调节计划和临时调节计划。

（2）光储高效接入。建筑光伏和建筑储能是未来新型电力系统的发展趋势，采用直流配电可以取消光伏和储能的直交变换环节，尤其是白天光伏余电用电池储存的情况下，可以有效提高发电和储电侧能源效率。与此同时，建筑中的直流负荷比例也越来越高，照明装置采用 LED 光源，需要直流驱动，电脑、显示器等 IT 设备，其内部为直流驱动，空调、冰箱等白色家电，现在的发展方向是变频器驱动同步电机，实现对电机转速的高效精准控制，其内部也是直流驱动，电梯、风机、水泵等建筑中大功率装置，目前的高效节能发展方向也是直流驱动的变频控制。直流配电可以取消用电设备的交直变换环节，提高用电侧的能源效率。事实上，很多直流配电案例的能效定量分析表明采用直流配电系统后能效提升幅度在 5%~10%，建筑光

伏和建筑储能比例越高节能效果越显著。

（3）直流微网提升可靠性。电网可靠性是电网规划建设和运行调度的核心目标之一。据统计，2020年我国供电系统用户平均供电可靠率为99.865%，其中城市地区平均供电可靠率为99.945%，即平均停电时间为4.82h/户[1]，达到了国际领先水平。但现阶段供电可靠性的实现主要是依靠电网侧电力设施冗余配置实现，这不仅使电网企业承担了巨大的投资压力，也制约了可靠性进一步提高。实际上，终端用户可根据自身需求确定可靠性目标，电网保证前3个9，后面再加2个9还是3个9由用户自定义，建筑采用"光伏 + 储能 + 直流"技术，能够有效显著提升用电的可靠性。以光伏应用为例，过去我们通常说要"防孤岛"，就是防止电网出现孤岛效应所带来的潜在危险性和对设备的损坏。采用建筑直流配电系统所形成的直流微网，恰恰能够很好解决当电网出现计划性甚至是非计划性停电的问题，具备孤岛运行的能力。孤岛不再是用来防的。

3.2.3　建筑与电力如何交互

建筑电力交互（Grid-Interactive Buildings，GIB）是指配置建筑光伏和建筑储能，采用直流配电系统，且用电设备具备功率主动响应功能的新型建筑能源系统。未来高比例可再生能源发电及其波动性是常态，建筑节能需要更多地考虑如何更好地适应供给侧可再生能源波动，在城市尺度实现能源的安全可靠供应。实践表明，采用光储直柔技术的建筑，在满足终端用户舒适要求的前提下能够按照高比例风光出力规律用电，如图3-3所示。图中目标值曲线为高比例风光的发电特性，实际市电功率曲线为建筑实际从电网的取电功率，建筑从电网的实际取电功率能够很好地跟踪高比例风光的发电规律，此时建筑配电系统直流母线电压波动情况如图3-3（a）曲线所示。

建筑电力交互的类型主要分为价格型和激励型两种。国内的分时峰谷电价就是典型的价格型交互模式，用户根据电价高低调整不同时段的用电量，从峰谷价差中套利。目前，国内分时峰谷电价是固定的，未来随着电力市场的发展，有可能会与电能量市场相结合，此时电价将不再固定，而是根据电力市场供需关系来确定。激

---

① 国家能源局，中国电力企业联合会. 2020年全国电力可靠性年度报告 [R]. 北京：国家能源局，2021.

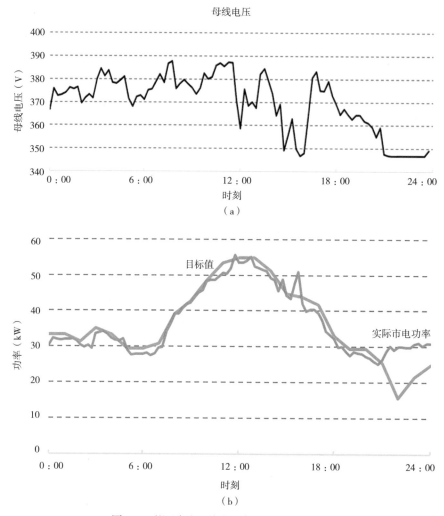

图 3-3 基于直流母线电压实现建筑柔性用电

励型模式的代表是现在很多省市开展的需求侧响应邀约，其具体流程为：先确定建筑正常用电的基线，然后由电网发出邀约，让用户在某一个时段偏离基线运行，最后对考核达标的用户发放补贴。电网的邀约是根据电力系统的运行调度需求不定时发出，目前主要还是功率调节，未来可能会结合辅助服务市场提供更多样化的调节需求，例如一次调频、二次调频、调峰、备用等。

实现电力交互对于用户的效益也十分显著。国家发展改革委发布《国家发展改革委关于进一步完善分时电价机制的通知》(发改价格〔2021〕1093号)，强化尖峰电价、深谷电价机制与电力需求侧管理政策的衔接协同，充分挖掘需求侧调节能力，鼓励工商业用户通过配置储能、开展综合能源利用等方式降低高峰时段用电负荷、增加低谷用电量，通过改变用电时段来降低用电成本。在很多城市峰谷电价已经在4倍以上，光储直柔技术具备了很好的经济性。此外，很多省市已开展电力需求响应试点，高峰期负荷消减收益达15元/kWh，填谷的收益在1.2元/kWh，考虑未来电力现货交易和碳交易等额外收益，光储直柔技术将成为低成本甚至零成本的零碳技术。

　　然而，建筑电力交互往往是有容量门槛和调节性能要求的。建筑可调节负荷的体量小且不确定性大，而且不同建筑之间的负荷差异也很大，单一建筑用户难以满足准入条件，这时就需要负荷聚集，如图3-4所示。建筑负荷聚集商负责匹配电网调节需求和建筑调节能力。建筑负荷聚集商平台需要配置电力市场交易算法、建筑可调节潜力评估算法、建筑收益分配算法等，以满足对电网管理平台的交易需求，对建筑的调节目标拆解下发、效果检测、效益分配等需求。此外，负荷聚集商平台还会根据建筑的特性和需求提供柔性改造服务，催生新的业态。

　　建筑电力交互的意义在于用电侧需求和供电侧能力的信息互通与资源优化配置，

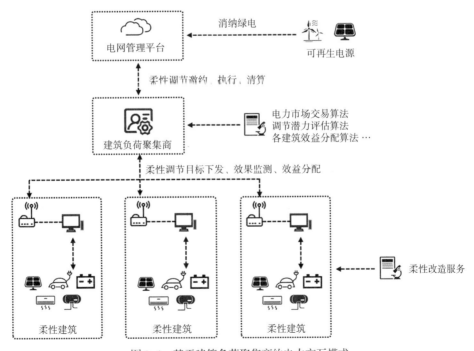

图3-4　基于建筑负荷聚集商的电力交互模式

提高电力能源系统的安全和效率，提高能源服务水平和质量。建筑用电柔性是重要灵活性资源，精准匹配建筑用电柔性与电力调节需求是建筑电力交互的重要内容。

3.3 建筑作为城市细胞将与电力携手实现零碳

3.3.1 建筑融合光伏储能后成为产消者，不仅能节约电量（kWh），也能调节电力（kW）

建筑与光伏、储能等技术融合后，与电动车的充放电、电网的需求侧响应等场景相结合，建筑不再是单纯的消费端，而成为产消者（Prosumer）。充分利用建筑屋顶资源，未来我国可实现光伏装机容量 20 亿 kW 以上。对于单栋建筑而言，是不是当光伏装得足够多，全年发电量大于等于该建筑全年用电量时，就成为零能耗建筑呢？以一栋办公建筑为例，如图 3-5 所示，图中光伏发电 Gi 曲线为模拟光伏发电规律，Fi 曲线为建筑用电规律。在光伏发电量等于建筑用电量的条件下，从一周规律来看，工作日时在早晨和下午的部分时刻仅依靠光伏，是不能满足建筑用电的，差值为 Ei 曲线，也就是说建筑用电仍然有 1/3 的电量要来源于电网，而且通常在电力紧张时。周末时光伏发电基本能够满足建筑白天的用电，而且具备向电网反送电的能力，而这时电网是否愿意接纳？我们引以为傲的零能耗建筑会被电力所认可吗？

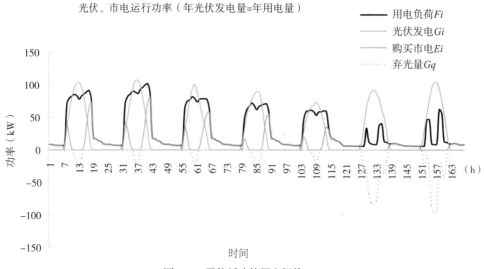

图 3-5 零能耗建筑用电规律

不可否认，从电量（kWh）的角度，零能耗建筑是可取的。从电力（kW）的角度，零能耗建筑并没有实现预期的零碳目标。做到这一步已经是进步，但如果我们止步于此，我们将面临的是高昂的电价。未来高比例可再生发电逐时波动是常态、刚性的，电力平衡的责任理论上可以让电网全部承担，但道理是羊毛出在羊身上，买单的不还是终端用户吗？那时我们的电价不再是 1 元 /kWh，而是 2 元 /kWh、甚至 5 元 /kWh 也不是没可能吧？事实上，建筑负荷具备很好的调节性能，我们完全可以未雨绸缪，共同分担调节的责任。

建筑供暖空调系统的蓄冷蓄热是非常好的调节手段，更重要的是建筑作为主要活动场所，将成为未来家用电动车充电桩安装的主要场所。建筑自身的蓄热蓄冷和电动车的电池都是建筑负荷调节的优质资源。

我们总说建筑节能的特点是节能量小且分散，现在看来这个劣势成为优势，使得建筑成为最好的资源，为分布式能源和电动车的接入创造了有利的条件，反过来也给建筑节能注入了新的元素。建筑光伏的接入，使得建筑不仅仅是用能者，自身也可以实现产能，电动车的接入，使得建筑不仅仅服务于电动车充电，利用电动车的电池供建筑用能也成为可能，50 辆电动车能实现 1 万 m² 建筑 1 天的离网运行。

未来建筑，一方面通过精细化调节和充分消纳可再生能源，实现节约电能消耗（kWh），另一方面以城市能源安全供给和实现电力交互为目标，设计时对建筑及其主要设备系统负荷（kW）进行优化，运行时实现建筑负荷（kW）的动态调节。未来建筑可以从电网获取所需要的电量，但通过自身的柔性用电功能，使这些从电网获取的电量主要来自于风电光电，尽可能减少取自调峰火电的电量。也就是说，当电网上没有调峰火电运行的时刻，尽可能多地获取电网上的电量，最大限度地满足自身用电的同时，还尽可能调动各种蓄能装置直接和间接蓄电，而当电网上有较大比例的调峰火电运行时，则尽可能减少从电网取电功率，减轻对调峰火电的需求，更多地依赖自身的储能装置放电来满足当时的用电需求。对于既有建筑，光储直柔技术还可以解决建筑配电容量跟不上用电峰值负荷的问题，以及区域变电站容量限制（城市核心区加装电动车充电桩会遇到）的问题。

3.3.2　光储直柔技术解决未来电力系统日平衡的问题

随着建筑用电量的增长和可再生能源发电占比的提高，供给和需求的不匹配程度不断增加,电力调峰需求也随之增长。在不同时间尺度下,建筑负荷的调峰需求差异很大[①],如图3-6所示。当2060年情景下风光电电量占比达70%,建筑年耗电量4万亿kWh,在日、周、月、年不同时间尺度下,风光电源发电与建筑用电之间的调峰需求量从45亿kWh到3300亿kWh不等,相差超70倍。

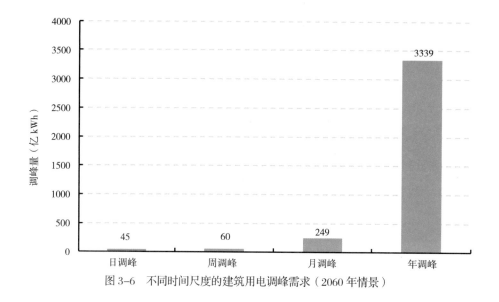

图3-6 不同时间尺度的建筑用电调峰需求(2060年情景)

建筑用电柔性主要解决日调峰需求。对于不同时间尺度的调峰需求,建筑用电柔性对于电力平衡的贡献不同,如图3-7所示。建筑柔性几乎能解决全部的日调峰需求,基本不依赖于电网储能和调峰电源。随着调峰需求的时间尺度增大,建筑柔性所能解决的比例越来越小,而对电网储能和调峰电源的依赖程度越来越大。

建筑用电柔性,在2030年前主要来源于建筑用电设备和储能设施,随着电动车双向充电桩的普及应用,建筑用电柔性在2050年左右基本解决日调峰需求,如图3-8所示。当前电力平衡的日调节主要依赖于电网,随着光储直柔技术的普及应用,建筑用电设备和储能设施的柔性调节能力逐步显现,电动车单向有序充电也可以降低日调峰需求,进一步随着电动车双向充放电技术的推广,电动车的柔性调节能力将显著放大,至2050年建筑用电设备、储能设施和电动车三者的柔性调节基本能够满足日调峰需求。

① 深圳市建筑科学研究院股份有限公司. 中国"光储直柔"建筑未来发展实施路径研究(能源基金会资助项目:G-2016-33086).

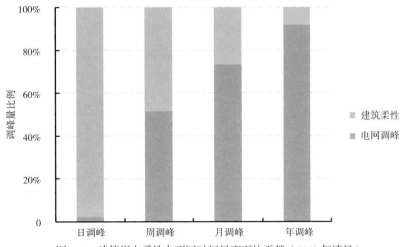

图 3-7 建筑用电柔性在不同时间尺度下的贡献（2060 年情景）

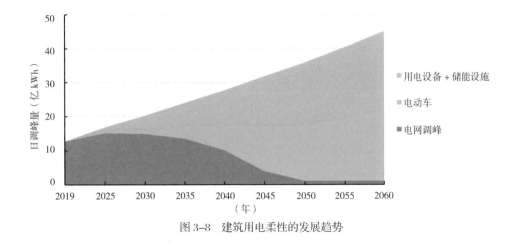

图 3-8 建筑用电柔性的发展趋势

3.3.3 绿色电力消费认证，解决零碳电力和零碳建筑面临的难题

建筑屋顶和外立面为建筑光伏的发展提供了广阔空间。随着光伏安装规模的快速增长，原来以集中电站为主的开发模式已经转变为集中、分布并驾齐驱，2021 年新增光伏并网容量中建筑光伏比例已经超过 50%。建筑光伏既能降低农村郊区的供电成本和维护费用，还能降低城市台站的高峰时段超载风险、缓解配网的增容压力，提供清洁电力同时降低建筑用电成本。

从效率与经济性的角度看，分布式光伏较地面电站的优势越来越显著，从电力平衡的角度看，与绿色发电相比绿色电力消费越来越重要。过去风光电源占比小、发电成本较高，国家大力补贴电源建设。随着安装规模的逐年增长，可再生能源发展的矛盾在发生转变，现在部分西部地区的风光电源中标电价已经低于燃煤电厂上网电价，风光电在发电经济性上已经具有了强竞争力。此时，消纳能力不足的问题逐渐凸显，2019年开始落实的可再生能源配额制就是围绕消纳责任而制定的，灵活性将会成为制约能源转型和新型电力系统发展的主要瓶颈。通常我们说的绿电是在电力生产过程中，它的二氧化碳排放量为零或趋近于零，主要来源为太阳能、风能等。由于太阳能和风能受自然条件的制约，可再生能源发电波动性是"刚性"的，这是光伏发电和风电被称为"绿色能源、垃圾电力"且饱受诟病的重要原因，也是弃光弃风的主要原因。绿色电力消费就是以高比例可再生发电形态为目标，调整终端用户的用电规律，使其与电源侧的发电规律相一致。

以一栋1万m²的公共建筑为例，过去每年用电150万kWh，通过节能技术可以降低到每年100万kWh，这是节能。负荷调节是指在已有节能的基础上我们每年还用电100万kWh，但是要按照风光发电的规律去用，而不是按照建筑自身原本的用能规律。反映到功率–时间图形上的话，我们不改变围合的面积，改变的是功率–时间曲线的形状（图3-9）。示范工程运行效果表明，1万m²的建筑可以消纳1MW的可再生能源。

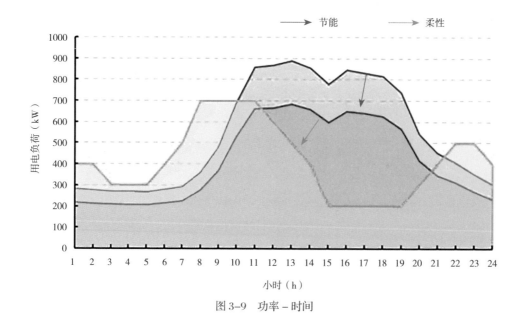

图3-9　功率–时间

　　绿色电力消费为可再生能源大规模的应用与接入创造了条件，我们的电力将越来越清洁，零碳电力将不再是遥不可及。当建筑用电主要来源为可再生能源的时候，我们的建筑不就是零碳建筑吗？这就意味着，一是不要去追求绝对的零。绝对零的零碳单体建筑不是不可能实现的，但考虑我国几百亿平方米建筑规模，绝对的零确定是不可能实现的。我们追求的零碳建筑是相对的零，或者说是动态的零碳，与可再生能源装机容量相匹配的零碳，是全社会协同的零，是成本代价最小的零。二是不要"躺平"等待零碳电力。有的人会说，我把建筑电气化率做到100%，然后就等着零碳电力的实现，我不就是零碳建筑了吗？是的，你完全可以这样，你等来的将会是别人1元/kWh的电价，而你是2元/kWh的电价。电力价格的组成已经在悄然变化，电力平衡的调节成本将在市场发电侧和电力用户之间分摊。我们不是把自己的零碳希望寄托在别人的身上，与其说是"凭什么我花钱让他舒服"，不如说是我们未雨绸缪，为明天做准备。我们建筑完全有能力实现20%的负荷调节能力，这种绿色电力消费模式同时也赋予"绿色建筑"新的内涵！

　　建筑与电力的携手低碳发展不仅是能源低碳转型的大趋势，还将形成新需求、新业态、新产业。经过近三十年城镇化发展，我国城镇化率从改革初期的不到30%增长到接近65%，城镇房屋总量从不到100亿m²增长到432亿m²（2020年）[①]。城镇化拉动了我国社会和经济的飞速发展，城市为社会和经济发展提供了巨大的平台。随着城市建设进入新阶段，建筑规模的增长趋势逐渐放缓，建筑节能技术的需求市场也逐渐从增量转为存量，绿色、健康、低碳成为新的热点话题。尤其原来的建筑低碳只能通过效率提高和节约用能来实现，未来建筑低碳还可以通过与电力协同的方式实现，让建筑红线以外的减碳效果落到实处，带动技术创新、产业升级和经济增长。

① 清华大学建筑节能研究中心. 中国建筑节能年度发展研究报告2022（公共建筑专题）[M]. 北京：中国建筑工业出版社，2022.

附录：
建筑节能与新型电力系统大事年表
（1986—2022年）

说明：以下 ✧ 内容为建筑节能相关大事，✦ 内容为新型电力系统相关大事。

1986年

✧ 第一部建筑节能设计标准发布并试行：《民用建筑节能设计标准（采暖居住建筑部分）》JGJ 26-86（试行）

1991年

✧ 第一届全国节能宣传周活动开始，旨在不断地增强全国人民的"资源意识""节能意识"和"环境意识"，鉴于全国性的缺电状况，2004年全国节能宣传周活动由原来的11月改为6月举行，目的是在夏季用电高峰到来之前，形成强大的宣传声势，唤起人们的节能意识。

1994年

✧ 第一部建筑节能专项规划：建设部制定了《建筑节能"九五"计划和2010年规划》，第一次编制建筑节能专项规划。全国每年建成的节能建筑，从"九五"初期刚超过1000万 m² 发展到"九五"末期的5000万 m²，至2000年累计建成节能建筑面积1.8亿 m²，建成太阳房一千多万 m²，太阳能热水器拥有量2600万 m²，居世界第一位，并以每年平均25%的速度增长，地热和地下能源也开始得到推广应用。建筑节能"三步走"由此提出。

"本规划的基本目的是：新建供暖居住建筑1996年以前在1980—1981年当地通用设计能耗水平基础上普遍降低30%，为第一阶段，1996年起在达到第一阶段要求的基础上节能30%，为第二阶段，2005年起达到第二阶段要求的基础上再节能30%，为第三阶段。

对供暖区热环境差或能耗大的既有建筑的节能改造工作，2000 年起重点城市成片开始，2005 年起各城市普遍开始，2010 年重点城市普遍推行。

对集中供暖的民用建筑安设热表及有关调节设备并按表计量收费的工作，1998 年通过试点取得成效，开始推广，2000 年在重点城市成片推行，2010 年基本完成。

新建供暖公共建筑 2000 年前做到节能 50%，为第一阶段，2010 年在第一阶段基础上再节能 30%，为第二阶段。

夏热冬冷地区民用建筑 2000 年开始执行建筑热环境及节能标准，2005 年重点城镇开始成片进行建筑热环境及节能改造，2010 年起各城镇开始成片进行建筑热环境及节能改造。

在村镇中推广太阳能建筑，到 2000 年累计建成 1000 万 m^2，至 2010 年累计建成 5000 万 m^2。"

1995 年

✧ 为了促进我国新能源和可再生能源事业的发展，中华人民共和国国家计划委员会、中华人民共和国国家科学技术委员会、中华人民共和国国家经济贸易委员会共同制定，于 1 月 5 日发布《新能源和可再生能源发展纲要》，提出了"九五"以及 2010 年新能源和可再生能源的发展目标、任务以及相应的对策和措施。

1996 年

✧ 9 月 23—26 日，建设部召开了第一次全国建筑节能工作会议，研究制定我国建筑节能和新型墙体材料推广应用的目标与任务，发布《建设部建筑节能技术政策》。

1997 年

✧ 第一部节能法律发布，《中华人民共和国节约能源法》第八届全国人民代表大会常务委员会第二十八次会议通过，自 1998 年 1 月 1 日起施行，2007 年第十届全国人民代表大会常务委员会第三十次会议修订通过，2016 年 7 月 2 日第十二届全国人民代表大会常务委员会第二十一次会议通过的《全国人民代表大会常

务委员会关于修改〈中华人民共和国节约能源法〉等六部法律的决定》修改，
2018 年 10 月 26 日第十三届全国人民代表大会常务委员会第六次会议《关于修
改〈中华人民共和国野生动物保护法〉等十五部法律的决定》第二次修正。

✧ 原建设部与科技部发布了国家科技攻关计划重点项目申报指南，启动了"十五"
国家科技重大攻关项目——"绿色建筑关键技术研究"。

2001 年

✧ 中华人民共和国国家计划委员会 5 月发布《国民经济和社会发展第十个五年计
划能源发展重点专项规划》（计规划〔2001〕711 号），战略是："在保障能源安
全的前提下，把优化能源结构作为能源工作的重中之重，努力提高能源效率、
保护生态环境，加快西部开发"。覆盖了煤炭工业、石油天然气工业、电力工业
等领域。

✧ 国家经贸委印发《新能源和可再生能源产业发展"十五"规划》（国经贸资源
〔2001〕1020 号），主要目标为：2005 年我国新能源和可再生能源（不含小水电
和生物质能传统利用）年开发利用量达到 1300 万吨标准煤，相当于减少近 1000
万吨碳的温室气体及 60 多万吨二氧化硫、烟尘的排放，为 130 万户边远地区农
牧民（500 万~600 万人口）解决无电问题，提供近 20 万个就业岗位。2005 年
全国太阳热水器年生产能力达 1100 万 m^2，拥有量约 6400 万 m^2，形成 5~10 家
具有国际竞争力的骨干企业，全国太阳光伏电池年生产能力达到 15MW，形成
应用器件配套齐全的太阳光伏产业，累计拥有量达到 53MW。2005 年并网风力
发电装机容量达到 120 万 kW，形成约 15 万 ~20 万 kW 的设备制造能力，以满
足国内市场需求。2005 年地热供暖面积达到 2000 万 m^2，工业有机废水和畜禽
养殖场大中型沼气工程及生物质气化工程等高效利用方式形成近 20 亿 m^3 的燃
气供应能力。

2002 年

✧ 建设部印发《建设部建筑节能"十五"计划纲要》，工作重点包括：全面执行
《民用建筑节能管理规定》。北方严寒与寒冷地区城市新建供暖居住建筑全面执
行节能 50% 的设计标准，积极开展城市供热体制与建筑供暖按热量计量改革，

加快夏热冬冷地区和夏热冬暖地区居住建筑节能工作步伐，大力推进太阳能、河水、湖水、海水与地下能源及其他可再生能源在建筑中利用的工作，大力加强新型建筑墙体材料的推广应用，研究研讨并努力推进既有建筑节能改造和公共建筑节能工作。

✦ 《国务院关于印发电力体制改革方案的通知》（国发〔2002〕5号），业界称电改5号文，开始实施以"厂网分开、竞价上网、建立区域市场、清洁电源发展、大用户直供电、农村电力体制改革"为主要内容的新一轮电力体制改革。国家电力公司拆分为两大电网公司和五大发电集团，成立四大辅业集团公司，实现了厂网分开和中央层面电力主辅分开。

2003 年

✦ 国家电力监管委员会成立（国办发〔2003〕7号），履行全国电力监管职责。

✦ 国务院发布关于改组中国华能集团公司有关问题的批复（国函〔2003〕9号），以及关于组建中国大唐集团（国函〔2003〕16号）、中国电力投资集团（国函〔2003〕17号）、中国国电集团（国函〔2003〕18号）、中国华电集团（国函〔2003〕19号）、中国水利水电建设集团（国函〔2003〕25号）、中国电力工程顾问集团（国函〔2003〕26号）、国家电网公司（国函〔2003〕30号）、中国水电工程顾问集团（国函〔2003〕32号）、中国南方电网（国函〔2003〕114号）9大电力公司的批复。

2005 年

✧ 为了促进可再生能源的开发利用，增加能源供应，改善能源结构，保障能源安全，保护环境，由中华人民共和国第十届全国人民代表大会常务委员会第十四次会议于2005年2月28日通过《中华人民共和国可再生能源法》，自2006年1月1日起施行。

✧ 《民用建筑节能管理规定》根据相关法律法规而制定，自2005年11月10日发布，自2006年1月1日起施行。《规定》共三十条，涵盖民用建筑节能管理的主体、范围、原则、内容、程序及监督管理和法律责任等，是开展民用建筑节能管理工作的规范性文件。

✦ 《国家发展改革委关于印发电价改革实施办法的通知》（发改价格〔2005〕
514 号），出台《上网电价管理暂行办法》《输配电价管理暂行办法》《销售电价
管理暂行办法》等配套实施办法，对电价改革措施进行了细化。

2006 年

◇ 第一部绿色建筑国家标准《绿色建筑评价标准》GB/T 50378-2006 发布，2014
年第一次修订，2019 年第二次修订。

2007 年

◇ 国家发展改革委发布《能源发展"十一五"规划》规划目标，消费总量与结构：
2010 年，我国一次能源消费总量控制目标为 27 亿吨标准煤左右，年均增长 4%。
煤炭、石油、天然气、核电、水电、其他可再生能源分别占一次能源消费总量
的 66.1%、20.5%、5.3%、0.9%、6.8% 和 0.4%。生产总量与结构：2010 年，一
次能源生产目标为 24.46 亿吨标准煤，年均增长 3.5%。煤炭、石油、天然气、
核电、水电、其他可再生能源分别占 74.7%、11.3%、5.0%、1.0%、7.5% 和 0.5%。

2008 年

◇ 《民用建筑节能条例》是为了加强民用建筑节能管理，降低民用建筑使用过程中
的能源消耗，提高能源利用效率而制定。于 2008 年 7 月 23 日国务院第 18 次常
务会议通过，由中华人民共和国国务院于 2008 年 8 月 1 日发布，自 2008 年 10
月 1 日施行。

✦ 国家能源局成立，负责拟定并组织实施能源行业规划、产业政策和标准，发展
新能源，促进能源节约。

2010 年

◇ 国务院办公厅同意发展改革委、财政部、人民银行、税务总局《国务院办公厅
转发发展改革委等部门关于加快推行合同能源管理促进节能服务产业发展的意
见的通知》（国办发〔2010〕25 号），开始推动合同能源管理的市场服务机制。

2011 年

✦ 电网主辅分离改革方案获国务院批复，由两大电网公司剥离的辅业与 4 家中央电力设计施工企业重组形成的中国电力建设集团有限公司、中国能源建设集团有限公司揭牌成立，标志着历时多年的电力体制改革终于迈出电网主辅分离改革的重要步骤。

2012 年

✧ 住房和城乡建设部印发《"十二五"建筑节能专项规划》，分别从发展绿色建筑、供热体制改革、公共建筑节能监管、可再生能源与建筑一体化应用等方面，形成 1.16 亿 t 标准煤节能能力。

2013 年

✧ 国务院办公厅以国办发〔2013〕1 号转发国家发展和改革委员会、住房和城乡建设部制订的《绿色建筑行动方案》。

✦ 原国家能源局、国家电力监管委员会职能整合，重新组建国家能源局。

2015 年

✦ 中共中央、国务院印发《关于进一步深化电力体制改革的若干意见》（中发〔2015〕9 号），业界称"电改 9 号文"，为新一轮电力体制改革纲领性文件。按照"管住中间、放开两头"的体制架构，沿着"三放开、一独立、三加强"的基本路径，根据最初设计的重点任务，推动各分项领域改革不断取得进展。与"电改 5 号文"相比，"电改 9 号文"对电网行业最大的冲击是其盈利模式的改变，即让电网公司从以往的购售电差价转变为成本和合理利润相结合的模式，将压缩电网的高额利润，让其回归到合理利润水平。

✦ 国家发展改革委、能源局发布《关于改善电力运行调节促进清洁能源多发满发的指导意见》（发改运行〔2015〕518 号），这被视为电改 9 号文的首份配套文件。

2016 年

✧ 第一部以实际能耗数据为依据的建筑节能目标性标准《民用建筑能耗标准》

GB/T 51161-2016 发布。

✦ 国家发展改革委、国家能源局、财政部、中华人民共和国环境保护部、住房和城乡建设部、工业和信息化部、交通运输部、中国民用航空局联合发布《关于推进电能替代的指导意见》（发改能源〔2016〕1054 号），首次提出提高电能占终端能源消费比重、提高电煤占煤炭消费比重、提高可再生能源占电力消费比重、降低大气污染物排放目标。

✦ 国家发展改革委 国家能源局关于印发《售电公司准入与退出管理办法》和《有序放开配电网业务管理办法》的通知（发改经体〔2016〕2120 号），出台两份具体实施细则，新一轮电力改革加快实施。

✦ 国家发展改革委 国家能源局发布《电力发展"十三五"规划（2016-2020 年）》。

✦ 国家发展改革委 国家能源局印发《电力中长期交易基本规则（暂行）》（发改能源〔2016〕2784 号），是电改 9 号文及其配套文件首个基础性电力交易规则。

2017 年

✧ 住房和城乡建设部印发《建筑节能与绿色建筑发展"十三五"规划》，强调节能标准提升和应用比例提高，既有建筑节能改造、可再生能源建筑应用、农村建筑节能，能耗强度下降和能耗结构完善、绿色发展水平提高的目标。

✦ 国家发展改革委办公厅 国家能源局综合司发布《关于开展电力现货市场建设试点工作》的通知（发改办能源〔2017〕1453 号），明确第一批 8 个现货试点，要求 2018 年底前启动现货市场试运行。

✦ 北京电力交易中心发布《跨区域省间富裕可再生能源电力现货试点规则（试行）》，跨区域省间富余可再生能源现货交易试点正式启动。

✦ 国家发展改革委、财政部、科学技术部、工业和信息化部、国家能源局联合发布《关于促进储能技术与产业发展的指导意见》（发改能源〔2017〕1701 号），鼓励可再生能源场站合理配置储能系统，支持在可再生能源消纳问题突出的地区开展可再生能源储电、储热、制氢等多种形式能源存储与输出利用。

2018 年

✦ 国家发展改革委发布《关于降低一般工商业电价有关事项》的通知（发改价格

〔2018〕500 号）。

✦ 国家发展改革委 国家能源局发布《关于积极推进电力市场化交易进一步完善交易机制》的通知（发改运行〔2018〕1027 号），并配套制定了《全面放开部分重点行业电力用户发用电计划实施方案》，约定建立"基准电价 + 浮动机制"的市场化价格形成机制，明确"基准电价"和"浮动机制"的协商原则。

2019 年

✧ 《绿色建筑评价标准》GB/T 50378 进行第二次修订，取消了设计标识和运行标识差别。

✦ 国家发展改革委发布《国家发展改革委关于全面放开经营性电力用户发用电计划的通知》（发改运行〔2019〕1105 号），全面放开经营性电力用户发用电计划，支持中小用户参与市场化交易。

✦ 国家发展改革委办公厅 国家能源局综合司印发《关于深化电力现货市场建设试点工作的意见》的通知（发改办能源规〔2019〕828 号），积极推进电力辅助服务市场建设，实现调频、备用等辅助服务补偿机制市场化。第一批 8 家省级电力现货市场试点全部进入模拟试运行。

✦ 国家发展和改革委员会关于深化燃煤发电上网电价形成机制改革的指导意见（发改价格规〔2019〕1658 号），将现行标杆上网电价机制改为"基准价 + 上下浮动"的市场化价格机制，基准价按各地现行燃煤发电标杆上网电价确定，浮动幅度范围为上浮不超过 10%、下浮原则上不超过 15%。

2020 年

✧ 住房和城乡建设部、国家发展改革委等 13 部门联合下发《关于推动智能建造与建筑工业化协同发展的指导意见》，提出到 2025 年，我国智能建造与建筑工业化协同发展的政策体系和产业体系基本建立，建筑工业化、数字化、智能化水平显著提高，建筑产业互联网平台初步建立，产业基础、技术装备、科技创新能力以及建筑安全质量水平全面提升，劳动生产率明显提高，能源资源消耗及污染排放大幅下降，环境保护效应显著。推动形成一批智能建造龙头企业，引领并带动广大中小企业向智能建造转型升级，打造"中国建造"升级版。未来

5 年建筑业大方向敲定。

✦ 国家发展改革委 国家能源局关于印发《电力中长期交易基本规则》的通知（发改能源规〔2020〕889 号），这是继 2016 年发布暂行规则后的正式版。

2021 年

◇ 中共中央办公厅、国务院办公厅印发《关于推动城乡建设绿色发展的意见》，提出建设高品质绿色建筑。

✦ 国家能源局发布《电力并网运行管理规定》（国能发监管规〔2021〕60 号）、《电力辅助服务管理办法》（国能发监管规〔2021〕61 号），以辅助服务市场为抓手推动网源荷储共同发力，新增了对新能源、新型储能、负荷侧并网主体等并网技术指导及管理要求。

✦ 国家能源局、国家市场监督管理总局关于印发《并网调度协议示范文本》《新能源场站并网调度协议示范文本》《电化学储能电站并网调度协议示范文本（试行）》《购售电合同示范文本》的通知（国能发监管规〔2021〕67 号），明确了适用范围：《并网协议》适用于燃煤、燃气、水电等常规电源，核电、地热电站等可参照使用。将原风力发电场、光伏电站并网调度协议合并修订形成《新能源并网协议》，光热电站可参照使用。专门针对电化学储能电站特性，形成《储能并网协议》，可供电动汽车充 / 换电站、微电网等与电网双向互动的并网主体参照使用。将原购售电合同、风力发电场和光伏电站购售电合同合并修订形成《购售电合同》，适用的电源类型进一步丰富，涵盖火电（含燃气、燃油）、水电、核电、风电、光伏发电、生物质发电等多种电源。

✦ 国家发展改革委、国家能源局发布《关于推进电力源网荷储一体化和多能互补发展的指导意见》（发改能源规〔2021〕280 号），提出利用存量常规电源，合理配置储能，统筹各类电源规划、设计、建设、运营，优先发展新能源，积极实施存量"风光水火储一体化"提升，稳妥推进增量"风光水（储）一体化"，探索增量"风光储一体化"，严控增量"风光火（储）一体化"。

✦ 国家发展改革委、国家能源局发布《关于加快推动新型储能发展的指导意见》（发改能源规〔2021〕1051 号），积极支持用户侧储能多元化发展。鼓励围绕分布式新能源、微电网、大数据中心、5G 基站、充电设施、工业园区等其他终端用户，探索储能融合发展新场景。鼓励聚合利用不间断电源、电动汽车、用户侧储能等分散式储能设施，依托大数据、云计算、人工智能、区块链等技术，结合体制机制综合创新，探索智慧能源、虚拟电厂等多种商业模式。

✦ 国家发展改革委印发《关于进一步深化燃煤发电上网电价市场化改革的通知》（发改价格〔2021〕1439号），明确燃煤发电市场交易价格浮动范围扩大为上下浮动原则上均不超过20%，一举让燃煤发电市场交易价格"真正"实现了"可升可降"。时至今日，交易电价市场化形成机制才算基本形成，为电价运行开启了双向通道。至此，"只降不升"的电力"市场化"定价机制走到了尽头。

2022年

✧ 住房和城乡建设部印发《"十四五"建筑节能与绿色建筑发展规划》（建标〔2022〕24号），聚焦2030年前城乡建设领域碳达峰目标，提高建筑能效水平，优化建筑用能结构，合理控制建筑领域能源消费总量和碳排放总量。

✦ 国家发展改革委、国家能源局发布《关于加快建设全国统一电力市场体系的指导意见》（发改体改〔2022〕118号），构建全国统一电力市场提上日程。这是提升新能源消纳能力、促进"双碳"目标如期实现的重要市场化举措。

✦ 国家发展改革委、国家能源局发布《关于完善能源绿色低碳转型体制机制和政策措施的意见》（发改能源〔2022〕206号），这是碳达峰碳中和"1＋N"政策体系中能源领域发布的综合性政策文件。

✦ 国家发展改革委、国家能源局印发《"十四五"新型储能发展实施方案》的通知（发改能源〔2022〕209号），推动新型储能与新能源、常规电源协同优化运行，充分挖掘常规电源储能潜力，提高系统调节能力和容量支撑能力。合理布局电网侧新型储能，着力提升电力安全保障水平和系统综合效率。实现用户侧新型储能灵活多样发展，探索储能融合发展新场景，拓展新型储能应用领域和应用模式。

✦ 国家能源局南方监管局发布关于公开征求《南方区域电力并网运行管理实施细则》《南方区域电力辅助服务管理实施细则》（征求意见稿）意见的通告，其中包含7个附件：①南方区域电力并网运行管理实施细则（征求意见稿），②南方区域电力辅助服务管理实施细则（征求意见稿），③南方区域风电并网运行及辅助服务管理实施细则（征求意见稿），④南方区域光伏发电并网运行及辅助服务管理实施细则（征求意见稿），⑤南方区域新型储能并网运行及辅助服务管理实施细则（征求意见稿），⑥南方区域可调节负荷并网运行及辅助服务管理实施细则（征求意见稿），⑦编制说明。开启了"源网荷储"协调发展可落地实施的序幕。

✦ 国家发展改革委办公厅、国家能源局综合司联合发布《关于进一步推动新型储能参与电力市场和调度运用的通知》（发改办运行〔2022〕475 号），进一步明确新型储能市场定位，提出新型储能可作为独立储能参与电力市场，鼓励配建新型储能与所属电源联合参与电力市场，加快推动独立储能参与电力市场配合电网调峰。